与自己和解

如何活得通透自如

[美] 大卫·J. 利伯曼　著
（DAVID J. LIEBERMAN）
王敏　译

NEVER GET ANGRY AGAIN

中信出版集团 | 北京

图书在版编目（CIP）数据

与自己和解：如何活得通透自如 /（美）大卫 · J ·
利伯曼著；王敏译 . -- 北京：中信出版社，2021.10（2026.1重印）
书名原文：NEVER GET ANGRY AGAIN
ISBN 978-7-5217-3540-6

Ⅰ . ①与… Ⅱ . ①大… ②王… Ⅲ . ①人生哲学－通
俗读物 Ⅳ . ① B821-49

中国版本图书馆 CIP 数据核字（2021）第 188374 号

与自己和解：如何活得通透自如
著者：　[美] 大卫 · J. 利伯曼
译者：　王敏
出版发行：中信出版集团股份有限公司
（北京市朝阳区东三环北路 27 号嘉铭中心　邮编　100020）
承印者：　北京通州皇家印刷厂

开本：880mm×1230mm　1/32　印张：7.75　字数：150 千字
版次：2021 年 10 月第 1 版　印次：2026 年 1 月第 25 次印刷
京权图字：01–2019–5055　书号：ISBN 978–7–5217–3540–6
定价：59.00 元

服务热线：400–600–8099
投稿邮箱：author@citicpub.com

目 录

引言

让我们面对现实吧，如果那些愤怒管理策略有用的话，你就不会读这本书了。也许下面这些招数你全都试过了：积极地与自我对话，用力砸枕头，提醒自己生气无济于事。但下一次，当你怒气冲天、火冒三丈的时候，不妨看看，从 1 数到 10 对你有多大用处。

这些试图保持镇静的笨拙尝试经常是徒劳无功的，而且还会让人心力交瘁，时不时陷入情绪低落的状态。那些教人管理愤怒情绪的著作往往充斥着人们早就试过，但压根儿就靠不住的方法，外加一些泛泛而谈的案例研究、所谓的真人逸事和空洞至极的口号。事实是，一件事情要么会让我们心烦意乱（引发焦虑、失望、愤怒等情绪），要么不会让我们心烦意乱，两者必有其一。没错，我们的目标是保持镇静，但如果能让自己摆脱焦虑不安的状态，我们就能更好地实现这个目标。当我们苦苦挣扎于是爆发宣泄还是隐忍不发的时候，我们其实是在和自己的本性苦苦作战。

价值百万美元的问题

有的人遭到小小的羞辱就会怒急攻心，遇到一点点挫折就会溃不成军，感到一点点失望就会小题大做，而有的人却能从容不迫、镇定自如地应对人生中的各种沉浮起落、荆棘困难、磕磕绊绊，他们是怎样做到的呢？

简而言之：视角。

不妨想象一下，一个孩子正在玩玩具，但她手中的玩具突然坏了。对这个孩子来说，她的整个世界突然分崩离析，她也许会大哭起来，也许会感到沮丧、悲伤或者生气。这个孩子尚未开始欣赏，甚至尚未意识到她生命中的一切美好事物：仍然有人给她穿衣、喂她吃饭，仍然有人关爱她、照顾她。更不用说，在她自己的那个小小的世界之外，还有更加广阔的世界。而孩子的父母明白，这个玩具是无关紧要的，因为他们拥有孩子所缺乏的视角。

从理性的角度来说，我们通常能够认识到让我们生气的那些事其实是微不足道、无关紧要的。然而，我们大多数人努力展现出来的一些品质，比如保持客观和耐心，在挫折和失意面前似乎都不堪一击。举个例子，你在百般匆忙中遇上了一个胸前挂着实习生胸牌的收银员，他正对着收银机干瞪眼，好像那是航天飞机的驾驶舱似的。你试图保持冷静，但负面情绪占了上风。而负面情绪一旦被点燃，很快就会变成一团熊熊烈焰。现在我们面对的就是一场硬仗了。

我们拥有的视角决定了我们会做出什么样的反应，也解释了我们当时为何会被激怒。仅仅几分钟之后，我们的怒气就会平息下来；几小时之后，我们就会觉得自己没有那么生气了；而几天之后，我们会感到困惑，想不通自己当时为何会那样生气。时间能给我们带来更广阔的视角，让我们看清局势。与此类似，随着我们长大成熟，当我们回首过去的人生经历时，我们会发现，自己当时一心想要参加的夏令营，一心想要结交的朋友，一心想要得到的那份工作，其实都不是非有不可、不可或缺的。如果缺乏全面观察的视角，我们就永远和那个拿着坏掉的玩具号啕大哭的孩子没什么两样。

价值百万美元的回答

马克 · 吐温曾经说过："喜剧是悲剧加上时间。"当我们洞悉了如何转换视角的秘密之后，就能借助更明智、更平衡的明天的透镜，来看待今天发生的事情。而一旦我们意识到什么才是真正重要的，我们就再也无须强迫自己保持冷静了。无论在何种情境下，我们的想法、情感和反应都会重塑其自身。缺乏耐心、没有安全感、怒火难耐等负面情绪就会随着我们的思考而消失。这并不代表我们在努力控制情绪，而是我们看清了当时的真正局面。

当然，我们仍然面临一个问题：怎样才能知道哪些是大事，哪些是小事呢？没错，我们知道不应该为小事烦恼，而我们会为小事伤神的唯一原因是缺乏远见。但是对于一些重要的事情，比如罹患疾病，遭遇不公正对待或遭受心理创伤呢？客观地说，这些都不是小事了。想要心平气和地处理这样的危机，我们要学会把视角拉得更远一些。无论当时或未来的情况如何，我们都要保持内心的平静。先让自己镇定下来，然后再采取负责任的行动。

打个比方，那些典型的愤怒管理工具就像除草剂：你必须一刻不停地喷洒它们，才能防止杂草生长发芽。但是，无论你多么警惕，仍然会有很多杂草从土地中冒出来，最终你只会被折腾得精疲力竭。本书将让你明白，如何在平静的情绪状态下，透过最佳的视角，在审视现实——我们自己、我们的生活状态、人际关系后，将这些杂草连根拔除。

我们将从整体上全面揭示和阐明引发愤怒的原因以及愤怒的构成要素，它们通常包括不幸（混乱或带来创伤）的童年生活对我们自尊心的侵蚀；无法和别人，特别是那些对我们来说很重要的人融洽相处；生活缺乏真正的激情和欢乐。

"天理何在?""生活是不公平的，所以要么是上帝不管事，要么是上帝不在乎，要么就是上帝讨厌我"——当我们产生这样的想法之后，我们的内心就会涌起一股怨憎的暗流。这无疑是在火上浇油，却并不能增强我们的自尊心或者浇灭我们的怒气。

当然，即便观察问题的视角没有什么问题，我们也会遇到一时难以掌控自己情绪的时候。高压环境会促使我们将理智和理性置之脑后。因为，还没等意识到是怎么一回事，我们的情绪就已经爆发了。但这其实是可以避免的。在一些极端情况下，即便有那么一两根不识时务的杂草突然冒出来，我们仍然可以掌控全局。只需运用神经可塑性方面的前沿研究成果，你就可以重新启动你的大脑。即便在你觉得自己快要失去理智的时候，你也可以借助这些方法在不知不觉中让理智再次回归。

俗话说，一个巴掌拍不响。生活当然未必事事如愿，但事实上，如果我们遇到的人能够管束自己，不说傻话、不做蠢事，我们就不必想方设法地控制自己，让自己不生气了。但有些人（比如我们的家人、朋友和同事）实在让我们没法不生气。本着实用的原则，本书将向你介绍一些循序渐进的心理策略，帮助你重新划定界限，平息性格冲突，处理复杂、棘手的人际关系，从而保持（或恢复）你的理智，彻底清除易于滋生愤怒和沮丧的土壤。

撕下敌人的面具

能帮助我们成功控制愤怒情绪的小诀窍不少，但这些小诀窍并不能帮助我们形成理性的认识。只有完全认识到生气发火无济于事，反而显得愚蠢，并彻底了解愤怒情绪的产生机制之后，我们才能说服自己冷静下来。因此，本书的前几章重在讲述理论，向人们介绍愤怒情绪和人类本性的心理机制。而后面几章则重在提出建议，提供一系列的心理学工具和策略，助你在实战中百战百胜。但不要低估我们的敌人——愤怒情绪的重要性。在每一个让人动怒的情境中，我们都该问问自己："我究竟为什么会生气?"可是，我们通常没办法在当时问自己这个问题，因为我们在那个情境中并不在思考，只是在跟着自己的感觉走。在那一刻，没有人能确保自己的理智在线，这正是传统制怒法的致命缺陷。然而，如果我们能在事情变得不可收拾前认真思索这个问题的答案，那么即便一时丧失了洞察力，我们也有能力看到真相。如此一来，平静而克制的反应就会成为我们的第二天性。

可能的收获

本书将向你展示，如何永久地重新调整你的视角。这将帮助你自动忽略人生中的小事。即使遇到棘手的大事，你也不会陷入暴躁的情绪中不可自拔，或者不可控制地勃然大怒。相反，你会立刻透过“真正接受”的滤镜来看待它。你是否希望自己再也不被愤怒情绪左右，再也不轻易生气？本书将为你指点迷津，让你找到克制心头怒火的捷径。

第一章

你这么生气到底是为什么

01

全面的视角是如何形成的

人体内有三种经常互相冲突的力量，它们分别是：灵魂的力量、自我的力量和身体的力量。简而言之，我们的灵魂希望做正确的事；我们的自我希望自己是对的，并且认为自己一直是光鲜亮丽的；我们的身体则只想逃离这一切。在生活中，当你做任何决定的时候：

- 你可以选择做让你感觉很棒的事。
- 你可以选择做让你看起来很棒的事。
- 你可以选择做好事或正确的事。

我们会做那些让我们感觉舒服或愉快的事，是因为我们受到身体的驱使。过度地做这些事情，就像吃太多或睡过头一样。事实上，我们会做这些事，仅仅是因为其能让我们感觉很好。当我们的行为受到自我的驱使时，我们就会不顾别人的感受乱开玩笑，或者进行超出我们负担能力的奢侈消费，诸如此类。当我们的自我做主角时，我们不会被真正对我们有益的东西吸引，只会被那些让我们看上去光鲜亮丽的东西吸引。

只有当我们做出负责任的选择、做正确的事时，我们才能获得自尊心。这是一个以灵魂（道德或良知）为导向的选择。事实上，自尊心和自控就是这样相互交织在一起的。情感自由并不意味着我们觉得自己想做什么事就应该去做什么事。相反，情感自由意味着忽视我们当时的种种欲望，做我们真正想做的事。假如你正在节食，而突然间，你很想吃一块巧克力，你拼命抵制这个诱惑，但最终还是屈服了——那么，你获得了自由还是被身体奴役了呢？我们想吃一块巧克力，于是我们吃了。可我们喜欢吃下巧克力之后的感觉吗？当我们做出对自己负责任的选择时，我们就能控制自己、增强自尊心。

做好事带来好心情

每当我们没能承担应当承担的责任——因为我们无法克制一时的冲动，或为了赢得别人的赞扬或认可而出卖自己的时候，我们就失去了自尊心。当我们一再屈服于即时的满足，或者为了保持、维护一个形象而活着时，我们就会对自己感到愤怒，并最终感到内心空虚。为了平息那种“我不喜欢我自己”的潜意识中的痛苦,我们会竭尽所能让自己感觉良好。我们渴望去爱自己，却失去了自我。由于无法给自己带来幸福，我们会螺旋式下降，退避到那个空洞无物、招致自我毁灭的“避难所”中，通过过度饮食、酗酒、滥用药物，以及毫无意义地消遣和放纵等行为，让自己暂时忘却痛苦。这些虚无缥缈的“高兴事”，掩盖了我们的自卑。而由于我们追求的快乐反而会带来更大的痛苦，我们进一步陷入绝望之中，并继续逃避现实。

不妨让我们再换个角度来看这个问题：你有没有试过和你不喜欢的人愉快地交谈？或者，和一个让你心烦意乱的人共度一小时或一整天？这一定会让你感到痛苦。如果你必须和那个你讨厌的人每时每刻都待在一起，然而那个人不是别人，恰好就是你自己，那么你该怎么办？对一个不喜欢自己的人来说，生活中的一切事物都会让他感到心力交瘁。这就像为我们讨厌的老板工作一样。即便是最不费力的活儿也会让你心生厌恶。我们会为一个忘恩负义、失去自控能力的人努力工作、费心费神吗？不太可能，更别提爱他、尊重他了。你说不定会引导他追求一些毫无意义的事物，或用无休无止的娱乐来让他安静或分心，甚至任由他迷失在辱骂这一行为的阴霾中——只要你不必面对他，当然更不用说帮助他了。

如果我们不爱自己，那么我们忍受短期痛苦以获得长期收益的意愿就会减弱。谁会愿意为一个连自己都不喜欢的人付出努力、忍受折磨和历尽艰辛呢？这种想法是可以理解的，但它存在着相当大的问题。研究表明，为我们的生活负起责任，这一过程必然伴随着痛苦，人类具有避免这种固有痛苦的倾向，而这正是我们容易动怒的原因，也是几乎所有情绪问题——焦虑、抑郁和各种不良癖好的根源。[1]

视角是否全面 = 心理是否健康

随着我们的行为变得越来越不计后果、不负责任，我们的"自我"就会加速膨胀，以补偿我们的负罪感、不安全感和羞耻心。我们的视角变窄了，只能看到自己，而看不到整个世界——这会让我们变得更加敏感，情绪也更不稳定。我们甚至会拒绝接受关于我们自己和我们生活的现实，并安于懒散怠惰、害怕痛苦的心态。这时，我们的"自我"会开始"保护"我们，将一切问题归咎于别的事物。换句话说就是："如果我没有什么问题，那么一定是你有问题，不然就是这个世界太不公平了，或者是别人在找我的麻烦。"神经质和妄想症的种子就这样被播下了。为了让自己的形象在自己的头脑中继续保持完美，我们只能被迫扭曲周围的世界。如果我们对现实的理解存在问题，那么我们适应生活的能力就会受到影响。[2]

如果一个人失去了理智，即失去了看清世界、接受世界和回应世界的能力，那就意味着他失去了全面的视角。情绪不稳定——愤怒的根源，从根本上说是缺乏明晰的视角造成的，而这取决于我们的“自我”对我们产生了多大的影响。

负责任的（心灵导向的）选择→自尊心增强→自我萎缩→未失真的现实→看到并接受现实（即便有时很艰难、很痛苦）= 心理健康→采取负责任的行为

不负责任的（自我导向的 / 纵容自己身体的）选择→自尊心减弱→自我膨胀→无法 / 不愿看到并接受现实（当这意味着艰难和痛苦）= 心理不健康→采取不负责任的行为

02

生自己的气，生全世界的气

没人愿意承认，甚至是对自己承认，我们是自私或懒惰的，更不用说承认自己的失败或缺陷了。我们的“自我”配备了一套十分管用的“盾牌”和“缓冲器”，这一整套防御机制被用来阻挡严酷的现实。当然，这些防御机制实际上并没有保护我们，反而给我们带来了更多的不稳定和不安全因素。真相，与我们接受真相的能力之间，往往隔着一条鸿沟。这条鸿沟越宽，我们的心理就越脆弱。威廉·格拉瑟博士在《现实疗法》一书中写道：

> 这些病人为了满足他们的需要，做了各种尝试，却都没有取得成功。无论他们选择什么样的行为，所有病人都有一个共同的特点：他们都否认自己周围世界的真实性。在州立

医院的这些慢性精神病人中，无论是否认一部分现实的病人，还是将所有现实一概抹去的病人，都会部分或全部地否认真相，这种情况非常普遍。当他们不再否认现实世界，而是承认现实的存在，并认识到必须在现实世界中满足自己的需求时，治疗才会取得成功。

我们的“自我”会给现实世界涂上各种色彩，而让我们自己干干净净、一尘不染。然而，在我们涂抹现实之前，在我们深不可触的潜意识深处，真相和假象发生了冲突，这就产生了认知失调这一心理现象：一种由于同时持有两种相互矛盾的观点而产生的令人不适的紧张感和压力感。它是因心灵和自我关系紧张而产生的副产品。当我们选择接受现实或是通过启动一些防御机制来缓解心灵和自我的不和谐状态时，这样的副产品就会出现。其中最常见的心理防御机制是逃避、否认和辩解。

购物狂就是典型的认知失调患者。尽管他们能认识到购物上瘾带来的危害，但购物狂能通过以下方式减少压力：（1）回避问题本身，用信用卡支付所有开销，试着不去关心自己花了多少钱；（2）否认自己购物上瘾、停不下来，就好像他们的车是靠自己开到最近的购物中心去的；（3）为自己的购物癖寻找借口（“如果我不出门的话，我的节食大计就会失败”）；（4）最健康，也是最艰难的方式——接受现实，并采取措施让自己得到必要的帮助。

德鲁·韦斯顿和他的同事们发现:“当一个人面对不和谐的信息时，其大脑的推理区域会关闭。而当重新获得和谐信息后，其大脑的情感回路就愉快地再次启动了。”[1] 正如韦斯顿所说，人们转动着“认知万花筒”，直到这些认知碎片形成他们想要看到的图案，然后，人们的大脑会激活与愉悦情感相关的脑回路，以此作为回报。认知失调带来的感觉似乎真的会让你的大脑受伤！[2]

我们的“自我”会抓住一切机会调和内在冲突——尤其是当我们的自我概念遇到威胁的时候。下面这个例子很好地说明了这一过程:

一名男子在早上醒来后认定自己是一个僵尸。他告诉妻子自己是一个僵尸。妻子试着说服他放弃这个荒唐的想法。

“你不是僵尸!”她说。

“我是僵尸。”他回答。

“你凭什么认为自己是一个僵尸?”她反问道。

“难道你觉得僵尸不知道自己是僵尸吗?”他非常诚恳地回答道。

他的妻子意识到，自己说服不了他了。于是她打电话给自己的婆婆，把这件事原原本本地告诉了她。男子的母亲想帮帮儿子。

“我是你的妈妈。如果我生了一个僵尸，难道我自己会不知道吗?”

“你不会知道的，”男子解释道，“我生下来之后才变成了一个僵尸。”

“我辛辛苦苦养大儿子，并不是为了让他成为一个僵尸，也不是为了让他把自己想象成一个僵尸。”他的母亲苦苦恳求道。

“不管怎么说，我都是一个僵尸。”他回答道。他的妈妈试图唤起他的身份意识和内疚感，但他丝毫不为所动。

当天晚些时候，他的妻子只好打电话给精神病医生了。

接待员帮她进行了紧急预约，不到一个小时，男子就出现在精神病医生的办公室中了。

“你说你是一个僵尸?”精神病医生问道。

“我知道我是一个僵尸。”男子说。

“那么请你告诉我，僵尸会流血吗?”精神病医生问道。

“当然不会了，”男人说，“僵尸是活死人，他们不会流血的。”男子听到精神病医生问他这样简单的问题，感到有些生气。

“好，那你看好了。”医生一边说着，一边拿起了针。他抓住男人的手指，轻轻地用针头刺了他一下。男人万分惊讶地盯着自己的手指看了三四分钟。

最后，他终于开口了。他说：“你知道吗？僵尸竟然也会流血！”[3]

面具不会落下

否认现实是有代价的。疲惫不堪、紧张不安的“自我”肆意裁剪着我们的世界，试图消除任何会伤害或暴露我们的东西。我们过分关注那些对自我形象存在潜在威胁的事物，时刻保持高度警惕。我们躲在精心设计的外在形象后面。精心打造了一个外在身份，用它来保护自己，而这个虚构的外在身份很快就变成了一个紧紧裹住我们的外壳。随着时间的推移，我们陷入了一个未实现的个人潜能所造就的地狱般的鸿沟。真实自我逐渐变弱，我们感到内心空虚，不再为自己而活。我们的存在只是为了保护我们的外在形象——“自我”。我们要遍各种花招，戴上严实的面具，向全世界展示我们的伪装，因为我们认为，这副伪装是必不可少的。

我们甚至都没有意识到，为了避免进行自我反省、引起自我厌恶，并塑造一个不会暴露以上两者的形象，我们的态度和行为——事实上，还包括我们的价值观和信仰，出现了什么样的转变。在这个过程中，我们迷失了自己。为了达到别人提出的要求、赢得别人的赞扬，我们扭曲了自己的本性。所以，我们从未得到真正的满足也就毫不意外了。当我们连自己都不爱的时候，就更不可能去爱别人，也无法感受到别人的爱。即使我们受人喜爱、受人恭维，也只能体验到一种全然不同的爱——源源不断，但已被玷污的爱。结果，我们的内心依然空虚无比、愤愤不平。

不妨想象一下，把水倒进一个没有底的杯子会发生什么。当你把水倒进去的时候，杯子看上去像是满的，给我们的感觉也是满的。只要杯子不断被水灌入，我们就会感到满足。一旦有人不再往杯子中倒水（不再一心一意地关注、尊重或爱慕我们），杯子很快就空了，而我们仍然像先前一样干渴。一个破碎的杯子永远无法灌满水。无论往杯子里灌多少水都解不了渴。世间最聪明的人所罗门王曾写道："内在的缺憾是无法用外在的东西来弥补的。"[4]从外界寻求自尊心的人，永远没法得到真正的满足。他们的内心就像一个个无底洞。

我们天生就爱自己。但是，当我们因无法做出正确的选择而难以获得自尊心时，就会寄希望于外部世界，希望外部世界能喂饱我们的自尊心。我们孤注一掷地试图将外部世界给我们的爱，转化为一种自我成就感，但这必然是徒劳的。我们不断改变的自我形象成了周围世界的直接反映。我们的情绪受到别人的每个眼神、每句评论左右，它是那样的脆弱和不成熟。

我们错误又疯狂地认为，如果别人关心我，那么也许我有那么一点儿价值，也许我该爱我自己。这样的想法大错特错。很多人之所以和别人相处不好，根源就在于此。当缺乏自尊心的时候，我们就会将真正需要的人推开。因为我们无法理解为什么有人会爱一个像我们一样不值得爱的人。如果爱或善意试图强行闯入我们的内心世界，我们往往不会选择伸出手拥抱它。别人展现出来的爱和善意，非但不能安慰我们，反而会使我们感到困惑。“自我”给出的指令很明确：在别人有机会拒绝我们之前先拒绝他们。

让事情变得更复杂的是，我们的自控力越弱，就越想操控周围的人与事——尤其是那些与我们最亲近的人。这种操控有可能是一种公然的行为，也有可能是一种被动攻击式的行为。我们凭直觉知道，良好的自控力能促使我们更加尊重自己。所以，当无法控制自己的时候，我们就需要让自己觉得，自己正在控制着什么人、什么事，以产生一种大权在握的感觉（本书第 4 节将进一步详述其复杂机制）。而那些缺乏自信的人，其潜意识会产生篡夺权力、越过界限，虐待那些关心自己的人的强烈愿望。当我们不喜欢自己的时候，就会情不自禁地生自己的气，然后把这种情绪发泄到周围的世界中，发泄在最关心我们的人身上。

03

与自己隔离，与他人隔绝

不管怎样，我们的情绪健康、精神健康和身体健康都会受到过去和现在的人际关系质量的影响，反过来，这些也会影响我们的人际关系质量。上一节解释了为何自卑的人很难接受别人的爱。事实上，他们也无法轻松地去爱别人。因为，我们能够给予别人的，永远只能是自己所拥有的东西。我们给予别人爱和尊重。但如果我们自己都不懂得什么是爱和尊重，我们又能给予别人什么呢？

付出与得到

爱是永远不会衰竭的。为人父母者，并不会因为自己已经有了一个孩子，而减少对第二个孩子的爱。父母爱每一个孩子，甘愿为每一个孩子无私付出，父母的爱永远不会穷尽。在这里，我们不妨将父母对子女的爱，与那些艺术品收藏者对自己“珍爱”的艺术品的爱做一番比较。随着时间的推移，艺术品收藏者对某一件艺术品的热情会逐渐消退。当他获得一件新的艺术品后，他就会把对旧艺术品的关注、喜爱之情转移到新的艺术品上。这是因为，事实上，他并不在乎这些艺术品，他关心的是他自己。艺术品能让他心情愉悦，仅此而已。他并没有为了那些艺术品付出什么，他只是得到了它们。再举个例子，某人说，“我喜欢饼干”，但他其实并不是喜欢饼干本身。应该说，他喜欢的是吃饼干。假如他真的喜欢饼干，他就会把饼干束之高阁、好好保存。要知道，爱不是自私的。

再说得深刻一些：当关注自己的痛苦、生活的艰难时，我们就很容易生气，这不足为奇。例如，当一个以自我为中心的人面临损失或即将面临损失时，他会为自己感到难过，而不太会为别人感到难过。他想的全是自己的损失、过失和悲哀。我们的“自我”投入得越少，我们受到的打击就越小。因为正常的悲伤情绪可以通过健康的途径得到排解，而不是受到抑制、掩饰和误导，最终导致伤痛无法愈合。悲伤可以分成四个阶段：否定、愤怒、沮丧和接受。前三个阶段都是基于“自我”的。只有放下“自我”，我们才能放下过去，坦然接受现实。

欲望与爱情之间的界限往往是模糊不清的。欲望是爱情的对立面。当我们渴望得到某人或某物时，我们对他（它）的兴趣完全是自私的。我们想要得到他（它）来满足自己。然而，当爱一个人的时候，我们关注的则是如何给予和付出，而且我们非常乐意这样做，迫不及待地想要这么做。当所爱的人痛苦时，我们也会感到痛苦。然而，当渴望得到的人痛苦时，我们想的却是，对方的痛苦将对自己产生什么影响，是否会给自己带来不便或不适。我们想的是“这对我来说意味着什么”，而不是对对方来说意味着什么。

当一个人缺乏自尊心的时候，他只会拿走他需要的东西，让自己获得一种完满之感。最不可能爱你的人，是一个连自己都不爱的人。这个人无法付出真心，他只懂得操控和索取。一个人越有自尊心就越完满，毕竟，有付出就必然有收获，这是一个互惠的过程。然而，当我们一味索取，试图以此填补空虚时，我们实际上仍然一无所有，只好继续索取，让自己满足，却永远得不到满足。这会让我们更加依赖索取，并让我们的身心疲惫不堪。

自尊心同时赋予我们给予和接受的能力。因此，一些缺乏自尊心的人通常很难接受别人的帮助，并且很难向对方表达自己的感激之情。因为需要别人的帮助或接受别人的帮助会让他们产生一种匮乏感。如果他人的馈赠和给予让他们感到特别难受的话，他们甚至可能会对帮助他们的好心人产生敌意，因为这些好心人让他们注意到了自己的不安全感以及自身的缺陷。[1]

通过这个例子，我们学会了辨别一个人是否有自尊心、是否自卑。这反映在他如何对待自己和他人的态度上。一个缺乏自尊心的人可能会沉迷于一些能够满足自己欲望的事情，他不可能对别人好到哪里去（傲慢心态的产物）。或者，这个人很可能会去刻意迎合别人，因为他渴望得到别人的认可和尊重，但他不会满足自己的需求（受气包心态的产物）。只有自尊心较强的人才能负责任地对待自己和别人，既爱自己也爱别人，既尊重自己也尊重别人。

同理心与同情心

这就引出了另外两个概念：同情心和同理心。这两者是有区别的。前者意味着我们对一个人的不幸境况感到遗憾，但我们无意伸出援手，帮助他摆脱困境。一个人也许对他人的痛苦非常敏感，但如果他只是同情对方，他就只会在意自己的痛苦，减少自己的痛苦就是他的主要目的。人们往往通过逃避现实和自我放纵达到这个目的，而不是帮助那个真正面临痛苦的人。这样的人也许常常盼望自己没有察觉到身边的各种不幸和悲伤，因为这样他就能眼不见为净，不必为此感到难受了。

以自我为中心的人具有两大典型特征：傲慢无礼、虚张声势。但即便是一个高度敏感，看起来缺乏自我意识的人，也有可能是以自我为中心、自私自利的。他很可能沉浸在自己的痛苦中，成天自怜自艾，因而也就无法感受任何人的痛苦。这样的人看似高贵，但他与自己之外的任何人都没有真正的情感连接。他并不是一个真正谦卑的人，因此，除非他以接受或批准的形式得到了更大的利益，否则他不会，也不愿给自己增加负担。他一心索取，却把索取伪装成给予。他心怀恐惧，却把恐惧装扮成爱。（他也可能出于缓和自己的内疚感或匮乏感的需要而产生了帮助别人的动机，但他帮助别人的目的仍然是减少自己的痛苦，而不是减少别人的痛苦。）

相比之下，同理心是一种体会他人情感和感受他人痛苦的能力，而不仅仅是为他人感到难过。有同理心的人为自己能够了解别人的困境而感到幸运，因为他真心实意地想要减轻别人的痛苦。道德的行为，而不仅仅是道德的思维，是驱使一个人成为利他主义者的动力。事实证明，反社会者拥有卓越的道德推理能力，但他们觉得没有必要采取恰当的行动——这需要同理心。[2]

顺便说一句，能够淡然地看待自己的麻烦，将注意力转移到他人的福祉上，这正是情感健康的可靠标志。虽然在某种程度上，我们都是关注自我的——尤其当我们在艰难地应对个人挑战时，但这种专注的强度及其持续的时间是不同的。任何一个人在心情不错时都会表现得热情、善良而慷慨，这一点并不难做到。然而，心理健康的真正标志是：一个人即使在情绪低落或身体不适的时候，也能关心别人，耐心地回应他人的需求。

一个不以自我为中心的人会心存谦卑，并感受到自己与他人的情感连接。“我是我，他是他”的心理壁垒被打破了。当“自我”退位的时候，我们就能感受到人与人之间的情感纽带。正因如此，我们更容易对孩子、老人、病人产生同理心，因为我们透过他们没有“自我”的外在，看到了他们的脆弱无助。他们看起来就是那样。在生活中，我们常常会遇到这样的情况，尽管方式不同、程度各异。比如，在繁忙的街道上，有人猛然撞到了我们。我们气冲冲地扭头一看，却发现对方是个盲人或是有其他身体残疾的人，他只是想从我们身旁走过而已。当看到他的缺陷之后，我们会可怜他、同情他，然后就生不出气来了。或者，一位同事把咖啡洒在了你的桌子上，然后什么都不做就冲了出去。你正打算闯进她的办公室兴师问罪时，却发现她的孩子生病住院了。在彼此没有隔阂，没有“自我”挡道的地方，愤怒就没有立锥之地了。但当我们专注自我时，我们的“自我”便割断了人与人之间的连接。从根本上说，愤怒就是“断开连接”——想要避免痛苦，反而招致了痛苦。

如果想要成为某人生活的一部分，我们就需要为对方创造一个独立的空间。如果一个人过于自私，那么对方就无法拥有自己的空间了。这样的人会沦陷在自己的各种不幸所造就的坟墓里，因为他与他人的情感连接即便没有被完全割断，也是十分紧绷的。受到孤立，哪怕只是受到忽视，都会让人感到痛苦。研究表明，感到自己非常孤独，或真正过着孤独的生活，比任何其他因素都更容易导致神经高度紧张，以及全身免疫力低下等心理和生理问题。孤立会带来痛苦，这并不仅仅是一个比喻。功能性磁共振成像方面的研究结果表明，当我们产生被社会排斥的感觉时，我们大脑中的两个处理身体疼痛的区域——背侧前扣带皮质和前脑岛区域会被激活。自尊心越低的人，其与自己的真我——灵魂，以及他人的真我之间的联系就越弱，这个人给予爱和接受爱的能力就会受到影响。他自己会遭罪，他的人际关系会受到影响，他身边的人也都会跟着遭罪。

烟雾和镜子

我们应该注意到，人们经常把自信误认为自尊心，但这两者是截然不同的。自信是我们在某一特定领域或情境下产生的自我效能感；而自尊心则是我们对自身内在价值的认可度，以及我们是否认为自己应该得到幸福和好运。影响自尊心的是我们做出的选择的质量，而不是可供我们支配的资产。也许在一些没有经过专业训练的人看来，那些试图通过显摆自己的某一优点来强化自我形象的人，似乎表现出了高度的自尊心。但事实上这样的人往往没什么自尊心，因为他所拥有的只是膨胀的“自我”。

当一个人的自尊心很弱时，无论他有多大的成就，他都必须依赖其他的人和事物来维持自己摇摇欲坠的自我形象。已有研究证实了这一点：一个人的自我膨胀感并非源自自尊心，而是源自自我厌恶。[4]不要落入圈套，误以为自我膨胀的人会喜欢他们自己。自我和自尊心是逆相关的。无论一个人看起来多么认可自己，如果他是以自我为中心的，那么他就必然拥有自卑感。这不是猜想，而是一个关于人性的定律，是心理科学。

04

振作起来，直面现实

我们遇到的每一种情境都像一个空白的本子，等着我们根据自己的想法写出剧本。比如，某人对我们表现得很粗鲁，其实这件事本身并没有任何意义。然而，由于我们的自我形象在工作，这个人的言行会让我们感到很难受。他的观点和我们的自我价值有什么关系吗？没有。但这正是我们的“自我”在施加影响力——它将发生在我们身上的每一件事都赋予了意义。我们的自尊心越强，我们就越不容易受到别人冒犯。因为假如我们爱自己，那么（1）我们就不会认为，某人的某一行为意味着他不尊重我们；（2）我们即使得出了这个结论也不会生气，因为我们不需要先获得他的尊重后才意识到要尊重自己。

我们经常下意识地评估各种情境，以确定别人是否在针对自己，或自己是否受到冒犯。例如，一辆车在路上挡了道，此时我们往往很想看看这个司机长什么样。为什么呢？因为我们常常会根据司机的外貌来确定对方的行为是否是故意的。如果看到的是一位戴着灰色浅顶软呢帽，驾驶1983年产的奥兹莫比尔汽车的老人，我们就不会像看到一个抽着烟，任凭吵闹的音乐声从打开的车窗中传出来的年轻人那样勃然大怒。大多数人都会认为，这位年长的绅士可能根本没有看到我们的车，而这位年轻人则是故意这样做的，因为他不尊重我们，不在乎我们。你能理解这种看起来很荒谬的逻辑吗？有人故意超车，挡了我们的道，我们赶紧追了上去，因为想看看这个冒犯了我们的司机长什么样，并据此判断是否应该生气。

无论是在何种情境下，我们问自己的问题都是同一个："他这是什么意思？"这就是我们会生气的根本原因：你认为对方是在针对你。不仅如此，你还会这样想："这个家伙这样对待我，一定是因为我自己有什么不对劲——我身上有什么问题或缺点。"正如我们在第2节中谈到的那样，如果你不爱自己，不尊重自己，你就无法想象为什么其他人会对你产生好感。"我不喜欢我自己，所以你一定也不喜欢我。"我们会把别人行为中的各种细枝末节联系在一起，然后得出一个让自己伤心的结论。我们认为，对方会这样对待我们，是因为他们知道真相。这种可怕的想法让我们质疑自我价值：也许这是我应得的。

如果我们觉得轻慢我们的是一个聪明、富有或充满魅力的人，我们就会更加难受。“自我”让我们认定这个人更有价值，因此他如何对待我们就变得更加重要了。事实上，我们与此人的关系，也决定了对方的态度会对我们产生多大的影响。如果对着我们大喊大叫的家伙是一个疯子，那么此事对我们的影响很可能微不足道。但如果冲我们大喊大叫的人是我们亲密的朋友、受人尊敬的同事，或者我们的爱人呢？为什么在这种情况下，我们更觉不快，更容易生气呢？因为对方非常了解我们——他了解我们的所有优点和缺点，所有的隐私和丑事。因此他更容易让我们质疑自我价值。我们会想：“这个人真的很了解我。也许我的确有什么问题呢？”

这种思维方式的错误之处在于，将对方是否了解我们与他如何对待我们联系了起来。对方只是对你了如指掌，这并不意味着对方是一个心理健康的人。如果一个人有百分之百的自尊心，那么从理论上讲，他会爱所有人，尊重所有人。即便他和一个生性粗鲁的人交谈，他的心中也会充满同理心。因此，他会产生与众不同的想法。他也许会这么想：“我是多好的一个人啊，他怎么对我这样不友善，他的内心该有多痛苦？”再说一遍，只有我们自己拥有的东西，才能给予别人。我们给予爱，给予尊重。一个人如何对待你，正是他的自我价值感的写照，与你的内在价值无关——除非你（你的“自我”）觉得这与你有关。

同样，当你心情愉快的时候——当你在某个时刻感觉自信满满，觉得一切都在自己掌控之中的时候，你是否意识到此时其他人变得更值得你尊重，更值得你友善对待了？事实上，除了你自己，谁都没变。当我们的情绪恶化时，我们的情感就会变得吝啬起来，此时我们只会尊重那些我们需要的人。其实，我们并没有真正付出什么，而是将伪装当成了付出。

不是我的问题，是你的问题

在前一节中我们解释过，当我们了解了一个人的局限性之后，我们对他的敌意就会消失。因为一旦我们看到对方的脆弱和无助，就不会把他的问题当成自己的问题。一个人的外表越傲慢，他的内心就越软弱、越无助。而决定我们是否能透过外表看到本质的，是我们自己。一旦“自我”介入，我们就会心生恐惧，就会不由自主地得出结论：“他怎么敢！”——导火索就这样被点燃了。然而，假如我们早已做好心理准备，能够冷静观察他如此行事背后的心理基础，即他的内心充斥着不安全感和匮乏感，我们就不会轻易动怒了。如果你无法对对方产生同理心，那么至少可以试着去同情对方。只要能感觉到对方的痛苦，双方之间互动的大背景就会自动改变，我们就不会感到痛苦了，因为我们一点儿都不痛苦。但是，假如我们以自我为中心，我们就会不可避免地得出这样的结论：对方如此对待我，是因为我有问题，而不是他有问题。这是很可怕的。这样的结论会令人相当不快。

决定你感受的并不是当时的情境，而是我们赋予这一情境的意义，这往往基于一点：我们对自己的感受。某一事件会引起我们的某种情绪反应，但在这两者之间，还有一个理性作用的过程。在这个过程中，我们将赋予发生的事一定的意义。当你选择认为这件事就是针对你个人的时候——没错，这是一种选择——你就会和你自己的本性对抗。比如，在一次聚会上，有个人突然冲你大喊大叫起来，说你是个说谎的骗子、一无是处的小贼，并对你进行了一番指责。这时，音乐停下了，大家都盯着你看。你觉得自己受到了羞辱，直到……他叫错了你的名字。众人这才恍然大悟，原来对方认错了人。你当然也知道这点，这时你不再觉得羞耻，而是大大松了一口气。你关注的焦点也从自己身上转移到了这个可怜的家伙身上：当他知道真相的时候，他该有多么尴尬啊！在这个互动过程中，如果你的“自我”没有横插一脚，那么你一定明白，“他认错了人”，他说的不是你，除非你自己认为他说的就是你。没错，他觉得你是个差劲的人，这并不会让你变得差劲。可如果你觉得自己变得差劲了，你就会勃然大怒。

自编自导的故事

当某个我们亲近的人（比如我们的配偶）做了一件让我们不

开心的事时，其实让我们生气的并不是对方的行为本身，而是我们对此的想法。因为我们认定，配偶的行为说明其并没有那么爱我们，并没有那么关心我们、尊重我们。让我们来分析一下，我们的“自我”是如何轻而易举地将我们引入歧途的。如果你的配偶惹你生气了，但随后对方真诚地向你道了歉，并恳求你原谅他，他做了能做的一切来补偿你，那么你还会一直生他的气吗？你也许仍然不满他的行为，但如果你的配偶承担了全部责任，并告诉你，他之所以把事情搞砸，不是因为他不爱你或不欣赏你，你就很难继续生气了。现实并没有发生改变，但你赋予对方这一行为的意义发生了变化。因此，你对对方这一行为的感受也发生了变化。当然，你也许会觉得，这只适用于一些小事、轻微的过失或过错。我们可以想象一两个无论“自我”是否介入都会让我们勃然大怒的情境。在第四章中，我们将更深入地探讨，如何在遇到大事时，或在对方严重辜负你信任的情况下，让自己平息怒气。

现在，让我们继续回到刚才的话题。假如我们的配偶的确不尊重我们，那该如何呢？同样，我们可以先问自己一个简单的问题：“这说明了什么？”也许这意味着我们的配偶缺乏自尊心，因此其无法去爱别人、尊重别人，也无法得到别人的爱和尊重。也许这意味着，我们应该反思一下自己的行为，扪心自问一下：“我对他友善吗？有爱心吗？他这样对待我，是否受到了我之前的某些行为的影响?”不管我们得出的是什么样的结论，下面这个结论都是绝对不正确的:“这都是我应得的，因为我自己有问题。”也许我们的所作所为的确有错,但这并不意味着“我们不是好人，不该得到爱和幸福”。如果这是意识层面的想法，那么我们就会过着受害者一样的生活，因为我们“活该”得到这样的待遇。如果这是潜意识层面的想法，那么我们就会大为恼火，因为我们觉得对方不尊重我们，或者对方的确不尊重我们，而且还会寻找各种蛛丝马迹，证明我们的确不配得到别人的爱和尊重。即使没有找到这样的线索，我们也会过度揣测、妄下结论，说服自己已经找到了这样的线索。这就是妒忌的根源:“我配不上你，所以你一定会背叛我。”如果我们已经认定了这点，我们就会把任何事都纳入这个思维模式，继续证实这个想法。为了证明我们是正确的，我们就会“看到”自己想要看到的东西，把一个个小事件串联在一起，构成一个完整的故事，让它印证我们的想法。

愤怒：难以捉摸的情绪

错综复杂的愤怒情绪往往被简化到不完整的程度。我们因为害怕或痛苦而生气，就像电灯亮了是因为按下了开关一样。这句话说得没错，但电灯能亮的深层次原因——通了电，却完全没有被提到。痛苦本身并不会导致愤怒，恐惧也不会。爬山和填字游戏会让人疲惫不堪，坐过山车或看恐怖片也很让人害怕，但这些事情也是令人兴奋、令人愉快的。然而，如果一辆 18 轮的大卡车驶入你的车道，你的孩子自己乱跑到了街上，一个粗心的人在工作时撞了你，或者你的老板冲你大吼大叫，此时的情况就不一样了，这些事很可能会激怒你。那么这有什么区别呢？答案就是控制。

激发愤怒的是我们无法控制的情感或身体上的痛苦。恐惧之所以会起作用，是因为恐惧本身就是一种情感上的痛苦，而对未知事物的恐惧则是人们完全无法控制的，因此有可能带来最大的痛苦。无法预测或无法控制的痛苦会带来恐惧，无法预测或无法控制的恐惧也会带来痛苦，这是同一个问题的正反两面。寻求控制的是“自我”，因此，即便是情感上的痛苦，在适当的情境中（在更开阔的、无我的视角之下）也会得到缓解。比如，一个人因为听到了一件关于自己密友的坏消息而在公众场合表现得十分激动。因为在替朋友感到伤心的同理心的作用下，尴尬的感觉变得没有那么强烈了。一个爱我们的人会愤怒地冲我们发火，因为我们让他伤心了，但我们并没有因此而产生被对方遗弃的感觉，而是会同情他，并设法减轻他内心的恐惧。

羞耻游戏

人类所体验到的两大主要情感：基于灵魂的爱和基于自我的恐惧。所有积极的情绪都源于爱，所有消极的情绪都源于恐惧——对孤独的恐惧，而孤独是因为我们认为自己不配被别人爱。而这会让我们感到羞耻。羞耻是我们的良知，是来自灵魂的声音。这个声音在说："是我的行为让我变得差劲。"是我的行为使我不值得被爱，不值得被人接受；再进一步说，这意味着，我所爱的一切，都是既不安全也不稳固的。这样的想法会让人觉得痛苦。这种合理的羞耻之痛是在提醒我们，我们的表现低于自己的潜能。在承担责任的过程中，我们不仅免除了情感上的债务，还能从中获益——我们的自尊心增强了。与此同时，爱和被爱的能力也随之增强了，在情感方面，我们也能得到不小的收获，包括相信自己未来能过上幸福的生活（详见第 11 节）。然而，在情势所迫，拒绝承担责任时，我们的意识中会多多少少留下耻辱的痕迹，因为我们无法欺骗内心深处的自己。（第四章展现了如何将我们自己从羞愧中解放出来，并使自我价值感恢复至先前水平的过程。）

愤怒的根源就在于此：当"自我"试着补偿这种令我们无所适从的羞愧时，我们体验到的是一种虚假的羞愧：如果你认为我是差劲的，那么我就是差劲的。[1]感到自己遭到任何形式的排斥（尴尬、受到批评、感觉不被需要、被嘲笑等等）都是极其痛苦、令人恐惧的，因为它给我们（我们的"自我"——一个假我）带来了真正的羞耻感。以自我为中心的心理，会把任何遭到别人排斥的情形都解释为"是我自己不够好，我不被接纳是因为我不配得到爱，不配得到别人的善意”。这样的错误想法再往前推进一步，就为这种错位的羞耻提供了解释。这种错位的羞耻，其实根植于一种错误的信念，即我要对他人的行为负责。在这种情况下，无论别人如何对待你，你都会对这种感觉难辞其咎，因为你既是受害者又是施暴者，是对方事实上的同谋。在第14节中，我们会说到，由于孩子天生以自我为中心……因此如果他们认为别人的所作所为是自己没有做好事情，没有做对事情造成的就顺理成章了。这样一来，如果一个孩子从小一直认为自己不够优秀，不配得到父母的爱和认可；或者受到虐待，抱着不切实际的期望；或者被迫承担本不应由他承担的责任，那么羞耻——自己失败了，没有发挥出潜能的感觉就会在孩子心中烙上深深的印记。在长大成人的过程中，我们都有过羞耻。（这就是我们会为自己固有的缺陷和缺点感到羞耻的原因，尽管这些缺陷和缺点并不是我们自己一手造成的。而且，当然了，所有人都有这样或那样的缺陷或缺点。）一个人的童年遭遇对他造成的破坏越强，他的“自我”以及伴随“自我”而来的羞耻就越强。

“自我”时刻保持高度警惕，寻找任何有可能质疑我们价值的情境，担心自己不惹人喜爱，担心自己会遭到拒绝和排斥。所以，任何使我们失去控制的场景，任何我们有可能遭到别人攻击的情形（哪怕只是被人盯了一眼，更别提遭到别人轻慢和嘲笑），都会让以自我为中心的大脑急速运转，产生上述反应。这就是为何我们和别人，特别是我们最亲近的人交往、相处时反而更容易勃然大怒。这种心理点燃了一根根情感导火索。举一个简单的例子，当一个孩子没有听父母的话时，孩子的父母会觉得：

· 内疚（也许我不是一个好爸爸 / 好妈妈。）

· 不被尊重（他怎么敢不听我的话！）

· 被排斥（他不爱我。）

· 尴尬（如果还有其他人在场，“他们会怎么看我？”）

· 恐惧（他会变成什么样？我们的关系会变成什么样？）

· 委屈（我为他做了这么多，他却这样对我。）

一般来说，当一个人的情绪自我（或生理自我）受到威胁时，如果总体上他的自尊心程度越低，并且令人不适的现实对他的神经和他的自我形象产生的影响越大，他就越害怕感知那种痛苦，这也会导致他的控制欲更强。当超越自己的天性，试图控制自己时，我们就能实现真正的控制，从而使恐惧 / 痛苦机制无法发挥作用。愤怒是控制的幻觉，因为从生理上说，当一个人生气时，他的体内会释放去甲肾上腺素（一种神经递质）和肾上腺素（一种激素），这将使他的意识活动更剧烈、精力更充沛、力量更强大。而从情绪上说，愤怒会让我们转移注意力，从而不再聚焦于恐惧或痛苦，这也模拟了控制感。当然，事实上，在愤怒情绪的驱使下，伴随着每一个过激想法或行动的出现，我们会逐渐失去控制，变得越来越弱。我们的个性决定了我们会如何表现内心的愤怒（在第 21 节中将进一步解释）。它也能反映在面临威胁时我们会做出什么样的反应，是战斗还是逃跑。

· 积极攻击（战斗）：既然大家都想控制局面，我们出来公开较量较量。

· 消极攻击（逃跑）：愤怒会以更微妙的方式发泄出来。由于无法直接交战，我们只能偷偷地寻求控制。

· 投降或压抑（逃跑）：因为无法明确表达自己的愤怒，所以我们告诉自己，不应该坚持自我或者压抑自己的情感，因为我们一开始就没有被激怒，以此来控制局面。

· 不作为（原地不动）：我们感到无能为力，于是把自己封闭起来，使自己免受痛苦。我可以避开这些痛苦。我可以将整个世界关闭在外。这样我马上就安全了，一切都在我的掌控之中。

战斗或逃跑反应是人体对感知到的威胁产生的一种生理反应，无论危险是真实的还是想象中的，都会触发这种反应。举个例子，人体对“我在树林里看到了一只熊”与“我相信我在树林里看到了一只熊”的反应是一样的：交感神经系统激活了肾上腺，于是肾上腺分泌出肾上腺素、去甲肾上腺素、皮质醇，这些激素和神经递质进入人体的血液中，并将威胁从前额叶皮质（负责思维活动的大脑区域）转移到杏仁核（大脑的恐惧和焦虑反应中心）。然而，当我们意识到树林中并没有熊的时候，这种反应就即刻停止了——因为危险已不复存在。同样，当我们意识到我们并没有体验到羞耻，我们体验到的只是羞耻的假冒产品时，威胁就消除了。我们没有什么可担心的，没有必要去控制什么，因为这种痛苦并不是真实的。我们并没有危险，我们已经安全了。[2]

第二章
活着的成本，逃避的代价

05

聪明人为什么会做傻事

医学文献中常常提到“艾略特”这个名字。自从他的大脑额叶因为肿瘤受到损伤之后，他就成了大脑研究领域的一个名人。虽然他有很高的智商，但他会迷失在琐事中，追求一些愚蠢的东西。在给艾略特进行了一系列测试后，他的主治医生安东尼奥·达马西奥意识到，艾略特无法表达自己的情绪。虽然从理智上说，他可以权衡任何决定的利弊，但到了真正需要做出决定的时候，他就完全迷失了方向。达马西奥说：“他的决策系统狭隘得无可救药。”[1] 达马西奥在他的《笛卡尔的错误》一书中，描述了他试图和艾略特约定会面日期时的场景。

我提出了两个备选日期。这两个日期都在下个月中，前后就相差了几天。病人拿出了预约簿开始查看日历。他之后的行为非常值得关注，而这一幕好几个研究人员都亲眼看到了。在半个小时的时间里，病人分别列举了赞成和反对这两个日期的理由：之前已有其他约会，时间上太接近其他约会，天气可能不好，等等。几乎任何你能想到的与一次简单会面相关的事情，他都提到了。（他）给我们进行了一番冗长的成本效益分析，没完没了地概述，毫无意义地比较两种选择以及各种可能的结果。坚持听他絮絮叨叨地说个不停，而不是拍着桌子让他别再说下去，需要惊人的自律才能做到。[2]

最后，他终于住口了。其实做到这件事简单得很，达马西奥打断了他的思考，直接给他指定了一个会面日期以及此后的回访日期。这位病人毫不犹豫地回答："好的。"这件事就这样顺利了结了。

暴跳如雷不可取

当我们没有动力调动我们的热情时，没有任何东西能强化理智的力量，而正是理智的力量推动我们向这个方向或那个方向前进。情感的一大主要功能就是激励我们做出反应，促使我们采取行动。我们需要情感，但当情感占据主导地位的时候，理智就会强化不正确的结论。要做出明智的选择，我们必须首先从理智的角度看问题，然后再调动我们的情感——最好是积极正面的情感。显然，比起出于愤怒而采取的行动，一个人愿意为之奋斗而采取的行动总是更好的，因为愤怒总是以自我为基础。这意味着，专注于正确的热情，而不是错误的蔑视，将有助于我们更彻底地看清情况，并采取更负责任的行动，这样我们就不再会被愤怒蒙蔽心智。这并不是什么和平主义者的金科玉律，而是唯有这样才能让我们做出最佳的反应。没有人会在一场争吵结束后这样想："要是我能更生气一些就好了，那样的话我就能更好地控制自己了。"

在本节中，我们将看到，愤怒是如何削弱我们的智力，即我们认清现实的能力的。但先来看看，愤怒是如何扭曲我们看清事物的能力的。智慧能让理智和情感都保持明晰，而当"自我"介入之后，我们就会无意识地扭曲（或有意识地忽视）现实，并倾向于做出不太负责任的选择。因此，在任何特定的情况下，一个聪明的人做出一个令人吃惊的糟糕决定是完全有可能的。而那个不如此人聪明的对手，也许反而会做出更明智、更谨慎的选择。

自尊心和情感健康（又名智慧，从更开阔的视角来看，两者是同义的）是相辅相成的。然而，智力在很大程度上与自尊心或情感健康无关。一个体重超重、自尊心不强的糖尿病人清楚地知道自己不应该把巧克力蛋糕当饭吃，但她还是吃了。这是她的自卑心理在引导她做出那样的选择。在那一刻，她对巧克力蛋糕更感兴趣，因此忽略了自己的身体健康。情感成熟的标志是能够延迟满足——现在承受一些痛苦（或放弃低层次的快乐）以换取将来更大的快乐（或避免使痛苦加深）。

智力不能让一个人变得理性，智力只能让坐在驾驶座上的你，手中多一张地图。但智慧能使我们睁大眼睛，看到那些我们盼望不存在，但实际上存在的东西，然后优雅地接受它们，并以清晰的思维和自信的态度做出回应。

自尊心和延迟满足

自尊心会激发我们进行自我投资的欲望,并为自律提供能量。当我们自尊心不强的时候，我们的兴趣和注意力就会从长期满足转移到即时满足——跟着感觉走，不去管结果。在这种情况下，最吸引人的选择就是满足我们当时欲求的选择，就像一个孩子，宁愿现在吃一根棒棒糖，也不愿明天吃五根棒棒糖。吃五根棒棒糖当然是更划算的选择，但孩子没有考虑到这一点。他的关注点是短暂的、肤浅的和狭隘的。他专注于此时此地，常常放弃长远的自我利益。他看不到大局，更不用说考虑他人的需要了。

这一具有里程碑意义的实验被戏称为“棉花糖测试”。值得注意的是，这个实验考察了儿童延迟满足的能力及其长期影响。

在斯坦福大学进行这项实验时，研究人员给了每个参与实验的孩子一块棉花糖，并给出了如下几个选择：孩子们可以马上吃掉这块棉花糖，也可以稍等片刻再吃，这样的话他们就可以再拿到一块棉花糖。随后，研究人员离开了房间，让孩子们独自待在房间里，他们的面前放着一块棉花糖。10 年后的跟踪调查发现，那些延迟满足的孩子，无论是学业方面还是社交方面都更成功。[3] 相关数据分析得出的结论显示，他们也较少罹患各种精神类疾病（包括强迫症、抑郁症、焦虑症、敌对性愤怒、恐怖性焦虑、偏执症和精神分裂症），并且自信心和自尊心普遍较强。

气愤会让人做蠢事

研究发现，自我调节失败是目前困扰发达国家的大多数个人问题和社会问题的核心。这些问题包括药物成瘾、药物滥用、酗酒、吸烟、犯罪、暴力、学业成绩不佳、赌博、个人债务负担过重、信用卡滥用、缺少存款、容易愤怒和充满敌意。[4]

自我调节失败，简单地说就是失去自控力，并屈服于冲动，其最重要的诱因之一就是愤怒。[5] 以下这一节选自一篇高水准研究论文，总结了愤怒所导致的自我毁灭能达到什么样的程度[6]：

当人们感到沮丧时，他们有时会表现得咄咄逼人[7]、胡乱花钱[8]、铤而走险[9]，用酒精、毒品或食物来麻痹自己，无法追求重要的生活目标[10]。愤怒情绪有可能导致一些成瘾行为，比如酗酒、赌博和药物成瘾[11]。再度复发后，节食者[12]会突然暴饮暴食，吸烟者会更频繁地吸烟。

当一个人生气时，他的体内会分泌出一种叫作皮质醇的压力激素。假如皮质醇水平长期偏高，我们的身体和精神就会受到负面的影响。具体来说，过高的皮质醇水平会损害海马体细胞，导致人的学习能力受损。从短期来看，过高的皮质醇水平会降低我们进行思考和处理信息的能力。或者，换句话说，生气实际上会让我们变得愚蠢。从生物化学的角度来说，我们已经知道愤怒会引发“战斗或逃跑”的反应，导致人体分泌肾上腺素，而肾上腺素会改变血液的流向，使血液及其携带的氧气无法进入大脑，而这会让我们的思维更加混乱。

智慧是情感健康最重要的副产品之一。它使我们能够客观地看待现实，并且有勇气做出冷静而符合逻辑的回应，而不是任凭愤怒损害我们的观察、评估、判断能力，导致我们做出不理智的行为。

06

至死方休的战斗

即使最健康的人也会受到情绪的影响。我们常常不需要什么令人信服的理由就会去做自己想做的事，而且觉得方便舒适时，我们往往会违背完美无缺的逻辑行事。这和理智、逻辑无关，和情绪、欲望有关。尽管吸烟会带来严重后果的警示随处可见，但全球仍有数千万人在吸烟。关于肥胖的危害性、锻炼的重要性的文献堆积如山，但仍然有 67% 的人对此熟视无睹，放任自己处于超重或肥胖的状态。数以百计的研究已达成了一个普遍共识——金钱买不到幸福，但仍然有 55% 的成年人妄想用金钱买到幸福，并因此负债累累。这些行为和逻辑又有什么关系呢？

随着自尊心消退、“自我”的套索越收越紧，我们的整个决策体系都沦陷了。理性的思考退化成了跟着感觉走。我们的反应往往是不管三七二十一，先开枪再提问。我们被困在一个不断做出错误决定的无限循环中，并且在做出错误决定之后又不得不费力证明之前的行为是正确的，而压根儿不去考虑后果。我们被迫吃下自己并不想吃的食物，因为这是自己点的；我们不得不读完自己并不想读的书，因为这本书是自己冒雨去图书馆借来的。拉尔夫·沃尔多·爱默生诗意地概括了这种思维方式的愚蠢："坚持愚蠢的一致性，是渺小心灵中的妖怪。"[1]

当我们告诉自己，"我错了，现在我要去做我该做的事"的时候，我们就实现了内在的成长。我们必须接受这一点：我的确做了一些毫无道理可言的事情，或者曾经有意义但现在看来毫无意义的事情；而不是躲在一堆解释之后，给自己找各种借口。那些受到自我支配的人往往缺乏自尊心，无法质疑他们的判断、价值或智力。因此，他们只能不断为自己的行为正名，这让他们永远都摆脱不了过去，并背负着过去的错误走进未来。[2]

负负不等于正

承认失败、乖乖认输也许并不容易，但继续往无望的"事业""项目"中投入资源肯定无法让我们获得任何收益。我们需要立即止损，并将我们的精力用到更有用的地方去。但"自我"迫使我们继续坚持错误的或有害的想法和行为，即便这样的想法和行为给我们带来了伤害。"损失规避"指的是我们的"自我"

侧重于避免损失，而不是获得收益。这不仅仅是因为我们不能忍受失败，还因为我们无法忍受失败的可能，无法承认自己失败了。

为什么理性的人有时会做出不理性的决定呢？为什么我们愿意花钱去填无底洞呢？正如任何一位股票交易大师都认可的一个道理：一旦让自己的情绪左右自己的交易决策，我们就会开始赔钱。当投资者受到蒙蔽，无视经验证据而盲目地想要尽可能多地挽回损失时，可以说，他们一定会蒙受损失。如此炒股是一回事，而如此处理生活中的事，就是另一回事了。

一旦在某件事上投入了时间、金钱或精力——无论是暴跌的股票、注定失败的恋情，还是没有前途的工作，我们就很可能会固执地坚持下去，不撞南墙不回头。如果我们投资了一项压根儿无法盈利的项目，我们就很容易陷入“沉没成本误区”：我现在不能退出。如果我现在放弃，我已经投进去的钱就会打水漂！当然，这是事实，但这与我们是否应该继续投资毫无关系。我们投进去的每一分钱都是我们已经付出的收不回来的成本，我们无法改变这一点，坚持错误只不过是一种拖延战术，是拒绝接受现实带来的有害后果。

死不认错

即便在事情已经变得非常明朗之后，一个头脑聪明但以自我为中心的人仍然可能继续坚持错误的决定，坚持会导致自我毁灭的行为。在知道自己无法取得胜利之后，我们的“自我”会精明地改变策略，宣布我们是命运、环境或他人残酷阴谋的牺牲品，以避免为自己的行为和生活承担责任。如此，我们就被困在了这样的行为模式中，人为地操纵一些事件，使之以符合期望的方式呈现，因为这才是我们想要看到的世界。从情感上说，证明自己是正确的，比做了正确的事更重要。违背自己的最佳利益行动，是因为我们在无意识的情况下觉得需要向自己和他人证明我们是受害者。就这样，我们让自己的痛苦和不幸一直延续下去，用全部生活去适应自己讲述的那个故事。

著名心理学家纳撒尼尔·布兰登博士，记录了一个他曾经治疗过的女性患者的经历。这位患者从小到大一直认为自己很“坏”，不配得到别人的尊重和善待，也不配得到幸福。她嫁给了一个知道自己不讨人喜爱，并且非常嫌恶自己的男人。在别人对他无情无义之前，他会先残忍地对待别人以保护自己。她没有抱怨她的丈夫虐待她，因为她“知道”遭人虐待是她命中注定的。而丈夫看到妻子越来越冷淡，越来越疏远自己，也一点儿都不感到惊讶，因为他“知道”没有人会爱他。为了证明他们对自己、对人生的想法是多么正确，他们互相忍受对方的折磨长达20年。[3]

当我们缺乏自尊心时，我们常常会有这样的担心：每当有什么好事发生在我们身上，就一定有坏事接踵而至。当幸运之神出乎意料地向我们展露微笑时，我们会感到很不自在，因为我们觉得自己毫无价值。为了缓解这种紧张情绪，我们甚至可能会蓄意破坏自己的成功，让自己的预言成为现实：看，这个世界就和我预料中的一模一样。无论这样的想法是多么有害、多么失真，只要这些想法变成了现实，它们就能给我们带来安全感——只要我想的是对的就行了，管它会不会要了我的命。

07

现实不会改变

所有脱离现实的道路，都将通向苦难之地。逃避并不能解决任何问题，它只是将不可避免的崩溃进行了慢动作分解。现在，我们比过去更容易忽视现实。过去，我们倾向于做出更好的选择，因为我们一旦判断失误，就会立即招致不良后果，而且这种后果往往是难以掩盖的。而现在，我们形成了一种“先购买、后付费”的心态。因为吃得太多而消化不良？服用一点儿抗酸剂就能解决。因为饮用乳制品而乳糖不耐受？服用一点儿乳糖酶就行了。吃了不该吃的东西？别担心，有治疗便秘的泻药。腹泻就吃止泻药，头痛就吃阿司匹林，还有碳酸钙防宿醉剂，可以把宿醉消灭在萌芽状态。

利息可以延期支付，但那笔巨额贷款的还款期限迟早会到。一个笑话很好地讽刺了这种心态：一个男人从20层楼的楼顶跳了下来。当他摔下来时，住在10楼的一个女人在窗口看到了他，她喊道："你还好吗？"那个男人回答："到目前为止，一切都挺好的。"让事情变得更麻烦的是，现在我们有很多逃避手段可以选择，它们让我们可以不痛不痒地忽略现实。可以说，高新科技本身就会让人上瘾，它让大家都能为所欲为、逃避现实。电脑、电视、智能手机……无论我们走到哪里，都能方便地找到可以分散注意力的东西。各种即时娱乐为我们提供了逃避到其他世界中的工具。各种视频游戏、电影、电视节目、博客、论坛，就像一座座永无止境的迷宫，在这些虚幻的迷宫中，我们可以暂时摆脱现实中的种种痛苦，我们需要这样的分心物，需要暂时脱离我们自己。在这些时候，我们心中那个令人不适的自我反省的声音变小了，而幻觉的声音变大了。

科技会让人上瘾，它不仅在情感上引诱我们，还会影响我们的生理健康。不可避免的多线任务处理会导致过度刺激，并"产生多巴胺成瘾反馈回路，形成一种奖励大脑失焦的高效机制，导致大脑不断寻求外部刺激"。[1]这些不利影响将导致我们的情绪处理能力下降，注意力无法集中，长期处于高度紧张和焦虑的状态，决策能力也会受损。[2]

意义 = 快乐

随着生活变得越来越舒适，我们放弃了努力，并认为舒适才是通往幸福的道路。还有一个更有害的观点：舒适等于幸福。为了追求目标和梦想而牺牲物质享受，这样的想法对现代人来说已经很陌生了。在人们看来，生活就应该是轻松简单的。

躺在沙发上看电视无疑是舒适的，但几乎没有任何意义。因此，它没有给我们带来真正的快乐，也没有给我们带来任何成就。更准确地说，这种感觉根本不是真正的快乐，而仅仅是一种舒适感，即让我们避免了痛苦。如果试图避免适当的挑战所带来的痛苦，那么我们实质上就是在逃避生活。我们并不是在最大限度地减少痛苦，最大限度地享受快乐，而是在最大限度地受罪，并过着毫无成就感的生活。

如果有人给你开后门，帮你找了一份好工作，你会有什么感受？你可能感到很满意。可是，如果你在工作30年后发现，这一切都是假的——你按下的按钮其实并没有启动任何机器，你打的电话都是陪你玩的演员接的，那么你会有什么样的感受？你在工作上取得了不小的成就，但这一切都不是真的。在这种情况下，大多数人都会崩溃。这是为什么呢？答案很简单：你的工作并不真实，没有任何意义，因此不能给你带来快乐。有意义，才有快乐。

我们越积极地投入生活、越努力地追求有意义的目标，我们就越快乐，越能得到真正的满足。我们真的想过肤浅的、舒适的、缺乏意义的生活吗？无论我们付出多少努力，如果缺乏明确的目标，我们的满足感就会烟消云散。仅仅追求过得舒适，每天致力于消遣和娱乐是不够的。灵魂会啃噬我们，让我们去做更多的事情，成为更有用的人。毫无疑问，以自我为导向的目标——把金钱、权力和名誉作为人生目标，和追求娱乐消遣一样，会让我们迅速地、彻底地脱离现实。维克多·弗兰克将这种现象描述为“追寻意义的无声呼唤”，而弗洛伊德则写道：“人们采用的衡量标准往往是错误的——他们以为自己必须追求权力、成功和财富，并羡慕别人所拥有的权力、成功和财富，却低估了生活中真正有价值的东西。”

追求舒适 = 痛苦

试图逃避生活的徒劳尝试，不仅剥夺了我们的快乐，也把我们推向了各种心理疾病的深渊。因为在试图绕过痛苦的过程中，我们的心理健康受到了影响。研究表明，一个社会现代化的程度越高，抑郁症的发病率就越高。[3] 高新科技让人们闲了下来，每天可以腾出很多时间。有了这种自由之后，我们就有了大把的时间。我们既可以充分利用这些时间，充实自己的生活，也可以滥用、虚度、浪费这些宝贵的光阴。[4]

没有工作的人更容易患上心理疾病以及其他压力引发的生理

疾病，如糖尿病、心脏病和中风，这点并不值得惊讶。不工作还会缩短人的预期寿命。[5] 事实上，即便是有工作的人，也会因无聊而死——真正意义上的死亡。在英国科学家进行的一项研究中，研究人员让 7 500 名年龄在 35~55 岁的伦敦公务员填写一份简单的调查问卷，询问他们在过去一个月中是否对自己的工作感到厌倦。研究人员随后继续跟进，调查约 10 年后有多少问卷调查对象死亡。研究发现，那些说自己感到非常无聊的公务员，死于与心脏相关疾病的概率是那些说自己"不觉得无聊"的公务员的 2.5 倍。[6]

抑郁症常被描述为可以让人品尝到死亡滋味的疾病。当我们死后，我们的灵魂——真正的我们，将与我们的身体分离。一个人如果不能在生活中成长、前进，他的身体和灵魂之间就会产生裂痕，而这就是一种类似死亡的体验。[7] 这种不和谐给我们带来了沮丧和忧愁之感。我们的灵魂渴望成长，而停滞带给人的感觉就像死亡，因为停滞事实上就是一种精神上的死亡。伴随而来的无价值感——"我的确无足轻重"的感觉，将引导自己得出一个不可避免的痛苦结论：我一点儿都不重要。

我们的灵魂一心想要反抗疏忽和冷漠，而我们的身体会忠实地体现灵魂的意志，不断带来新的不适和疾病——既包括情绪问题，也包括生理问题。这是在提醒自己：我们并不是白白活在这个世界上的。每个灵魂都有自己独特的使命，都被注入了自己的精神 DNA（脱氧核糖核酸）。它渴望脱颖而出，渴望通过释放其独特的火花来点亮创造力。因此,一个年轻人受伤或死亡的消息，比一个老年人受伤或死亡的消息更让人痛心。毫无疑问，生命的逝去让人悲伤，但失去潜能尤其令人心碎。拥有潜能和实现潜能之间的差距越大，人们似乎就越感到难过。与此类似，人们没能发挥自己潜能的程度越深，所造成的浪费就越大，人们就越感到沮丧和羞耻。

现实无法逃避

生活在现实中，不仅仅是在正确和错误之间做出选择。从更大的意义上说，也是在生与死之间做出选择。选择承担责任意味着投入生活之中，而不是忽视生命和死亡。死亡的过程永远如此缓慢。

哈姆雷特：第三幕，第一场

生存还是毁灭？这是个问题。
究竟怎样更高贵，去忍受狂暴命运的无情摧残，
还是拿起武器去反抗无尽的烦恼，
把它们全都扫除。去死，去睡，
这就够了。如果睡眠能终止

我们心灵的创伤和肉体的千百种痛苦……

此处，哈姆雷特谈到了渗透人类生活的痛苦和烦恼。他比较了两个选择：要么忍受生存带来的种种考验，要么以自杀的方式结束一切。而自杀在这里并不是指那种结束一切的折磨自己的行为，而是逃避现实的离散式的死亡，这是我们每天都要面临的挑战。我们是奋起直面生活，还是转身离开，沉沦于虚幻生活的虚假安慰中？

想要拥有情绪上的健康，就必须忠于现实。一旦远离生活的激流，我们的情绪就会变得不那么稳定，因为我们脱离了现实。如果太过沉迷在自己的世界中，哪怕只是一件微不足道的小事，也会让我们丰富的想象力变得过度活跃，使我们被迅速窜起的恐惧和焦虑吞噬，导致人生被各种永远不会发生的悲剧填满。

矛盾的是，一个人越是神经敏感，他就越对自己观察、了解和预测周围世界的能力充满信心。而事实上，他识别因果关系的能力并没有那么好。为了弥补他的缺陷，为了获得某种控制感，他自行在行为和结果之间创建了某种联系。这自然会使他的神经症更加严重。因为当这种联系被不可避免地打破时，他会更深地退回他的假想世界中去。[8] 迷信只不过是一种稀释了的妄想症——一种想在不存在关联的地方建立关联的欲望。所有现实都是整体的一个无差别的部分，因此各种类型的模式、规律和关联无处不在。但当一个人看不到自己以外的人与事物时，来自他灵魂的建立连接的欲望，就会被他自我导向的关联取代。因为当一个人找不到意义时，他就会自己创建意义。

而进一步加重我们情绪压力的行为是把苦难误当作成就。有时，我们会寻求不幸而不是成功，并告诉自己痛苦就等于进步。因此，我们可能会无意识地给自己制造障碍，使自己有一种前进的错觉。这里有一个常见的例子：我们绝对不能搞丢的文件、手机、车辆注册证——几乎所有可能放错地方的东西，都会放错地方。从本质上讲，我们是在一个可控的环境中人为地给自己制造挑战，而一旦克服了这种挑战，就会产生一种兴奋感和成就感。不是努力地投入生活，而只是感受生活的匆忙，这是一种无益的尝试。在某些情况下，这些挑战是我们自己设计的，这是因为，在潜意识中，我们想要给自己带来麻烦。内疚和自责的感觉使我们不惜伤害自己，而这正是自我毁灭的前奏。

别对肾上腺素飙升上瘾

有时人们做一些风险极高的事，是为了找到自己还活着的感觉。尽管按照世俗标准来看，他们可能非常成功，但他们的内心是空荡荡的，一种身体与灵魂脱节的感觉让他们总是感到自己处于半死不活的状态。他们冒着死亡的危险寻求刺激，让身体分泌大量肾上腺素，这样一来，他们就能找到自己还活着的感觉，至少在那一刻如此。如前所述，肾上腺素是一种激素，是大脑在面临极端压力或焦虑时自然而然分泌出来的。它的作用是在危险的情境中或危机爆发的紧要关头，让人的意识水平和力量水平急剧攀升，使人体的各种感觉在短时间内提升灵敏度，处于高峰状态，从而让人获得一种力量感和控制感。（与此同时，人体还会分泌内啡肽和多巴胺等神经递质，它们进一步强化了这种体验。）而与我们的主题最密切相关的方面在于，强烈的愤怒由于会触发“战斗或逃跑”反应，因而也会让我们产生类似的快感。因此，一个人的生活越贴近他的灵魂，他就越不需要愤怒这剂药物来给自己的生命注入活力。

假设一个指套型顶针和一个水桶都被灌满了液体。顶针中的液体似乎和水桶中的液体一样满。那么我们可以说，水桶比顶针还满吗？相较而言，水桶中肯定有更多的液体。但从绝对意义上来说，它们都是满的。人类也是如此，有些人其实过得很悲惨，尽管大家都说他们做出了正确的选择。这是因为，我们每个人都站在一个永无止境的成就阶梯上，这个阶梯的起点在哪儿其实并不重要。也许我们能够轻松地攀登上去，但由于很容易满足，我们这一生只是随心所欲、懒懒散散地攀爬了几级阶梯。只有通过观察努力与能力之间的关系，我们才能确定自己是否取得了真正的进步，是否有强烈的自尊心，以及心理是否健康。马斯洛简明扼要地总结了这一点："如果你想让自己成为的那个人，比不上你能够成为的那个人，那么你很可能会闷闷不乐、愤愤不平地度过生命中的每一天。"[9]

08

快乐的真正意义，活出意义的快乐

过上有意义的生活，不仅可以带来快乐，促进我们的心理健康、精神健康和身体健康，而且可以减少我们的痛苦。这并不是说，在这样的生活中我们就不会遭遇艰难困苦，或者那些正在忍受不幸或创伤的人都是咎由自取。这些痛苦往往超出了我们的理解范围，并不一定是我们所作所为的结果。然而，痛苦与精神折磨是不一样的。精神折磨是我们做出的选择所产生的情绪后果。

我们对自己有什么样的感觉，决定了痛苦会持续多久，及其是否会转化为精神折磨。这是一个简单的等式：以自我为中心 = 精神折磨。这就解释了为什么一个情绪不成熟的人、一个自尊心不强的人（或者，一个小孩子），会对每一件不太顺利的小事感到焦虑不安。事实上，视角狭隘的人有时候就像孩子一般。孩子是以自我为中心的，他们有可能会对周围的环境做出如下反应：突然发脾气、盲目兴奋、情绪剧烈波动、看问题过于绝对等等。他们很容易误读、误解别人的行为，而且很容易对他人的侮辱、轻慢和批评做出过激的反应。

如果没有宏大的视角这一情感减震器，我们就只能感觉到痛苦，而持续的痛苦就是一种精神折磨。这是因为，宏大的视角提供了一个背景，而在看到事物的背景之后，我们更容易理解各种挑战背后的意义。我们将看到，看似互不相干的事物是如何被整合到一个更大的整体之中的，而我们识别出的每一块新的拼图，都有助于澄清和定义已知的事物。假设将一只蝴蝶的翅膀放大 1 000 倍，由于它离我们太近了，我们反而无法分辨它是什么，是做什么用的，它存在的意义是什么。这时，我们就有必要后退一步，搞清楚这到底是什么东西，只有这样我们才能看清它的图案、细节，弄明白它存在的意义。翅膀是一个更大的有机体的组成部分。当我们有了宏大的视角之后，一切都开始变得有意义了。

关于身体疼痛管理方面的研究还表明，疼痛的严重程度，取决于疼痛出现的背景。一个人承受疼痛的能力，会随着此人逐步加深对身体康复过程，以及疼痛在康复中作用的了解而提高。这就解释了为什么严重抑郁症患者的疼痛阈值较低。[1] 当一个人过于专注自己的时候，他就会失去宏大的视角，看不到事物的背景，进而看不到事物的意义。当一个人只剩下痛苦的时候，他的生活本身也随之变得艰难了。

当给所爱的人买礼物时，我们迫不及待地想要送出礼物，想要看到这个礼物给对方带来的快乐。我们可以不知疲倦地为关心的人努力工作，或者为我们热爱的事业努力工作，并且一点儿都不感到痛苦，也许还能体验到巨大的快乐，因为我们关注的是更宏大、更有意义的目标。时间一分一秒地过去了，我们却丝毫没有意识到时光的流逝。与此类似，当我们爱自己的时候，我们可以付出最大的努力，承受最小的痛苦，为我们长远的满足和幸福而不懈奋斗。尽管耗费了大量的精力，但自尊心引导我们进入了一个无限的世界，让我们获得了不竭的源泉。对自己有什么样的感觉，决定了我们是会专注于快乐还是会专注于痛苦，它同时也明确了这一经历的总体性质。

没有击垮我们的事物

我们都认识这样一些人：他们在年轻时和成长过程中，凭借自己的种种优势活得一帆风顺，但后来他们做出了一系列极其不负责任的选择，将自己拖入了痛苦的深渊。我们也认识这样一些人：他们克服了一个又一个挑战，历尽艰难、百折不挠，始终勇敢、乐观地迎接自己的未来。

圣经中的每一个圣人都曾经历无止境的不幸和痛苦——遭到监禁、背叛、谋杀，无一例外，包括亚当、诺亚、撒拉、拉结、利亚、约西弗、摩西、亚伦、大卫王、所罗门王等等。谁能说这些圣经中的圣人的生活并不艰难呢？然而，谁会说他们的生活没有意义或者缺乏成就感呢？

大卫王曾写下这样的话："如果我没有全神贯注于你的圣经，我就会在痛苦中死去。"[2]尽管他的一生充满了考验和磨难，他的诗篇却洋溢着喜悦和感恩之情。因为当一个人过着有意义的生活时，痛苦和欢乐一定会同时存在。[3]必须强调一点，痛苦并不会让人不快乐——精神折磨才会让人不快乐。但是，精神折磨是我们各种选择的结果，而不是我们的环境造成的。意义使我们的生活充满快乐，并扑灭了痛苦的火焰。艰难困苦和各种挫折是生活的一部分，但如果我们缺乏宏大的视角，它们就会变成生活的全部。当然，我们仍然会感知到痛苦，这是生命过程的一部分，但我们不会因此而备受折磨，除非我们陷入迷局之中。

全世界都在我的手中

谦卑并非自卑，它是从现实的泉眼中汩汩流出的一泓清流。我们很容易将谦卑误认为软弱。事实上，谦卑是一种力量。傲慢的人只知道从别人那儿索取。他没有能力给予，所以也就没有自由。一个情绪化的人，总是依赖别人来满足他脆弱的自我，他是自己冲动的奴隶，因此他无法克制自己的冲动。当一个人懂得谦卑之道时，他就获得了自由，因为他的内心充满了感激之情。感恩和快乐是紧密相连的。想一想我们认识的那些懂得感恩的人，这些人是最快乐的。相反，那些对自己所拥有的一切缺乏感恩的人，则生活在一个由未能实现的期望和永不停歇的失望构成的恶性循环之中。他们的心中充满了愤怒和怨恨，这并不是因为有什么大事发生在他们身上，让他们怨恨、生气，而是因为他们把自己的全部注意力都放在了琐碎的小事上，这让他们浑身充满了负能量。让我们把下面这些点串联起来：

你做出的选择负责任（以灵魂为导向）→你的自尊心变强→你的"自我"萎缩→你的视角变得开阔→看到更远的前景→你的生活（和生活带来的挑战）拥有了更多的意义→（这会给你带来愉悦）你变得谦逊→你的感恩之情被激发→你满心欢喜。

你做出的选择不负责任→你的自尊心变弱→你的"自我"膨胀→你的视角变得狭隘→你看到的前景有限→你的生活（和生活带来的挑战）失去了意义（你感到麻木、沮丧）→你变得傲慢→这助长了你的挫折、愤怒和怨恨。

广阔的视角能让人懂得感恩，而感恩能改变生活的质量（我们在第 28 节中将根据相关研究详细阐述感恩的益处）。我们唯一能够决定的是自己做出什么样的选择，如何选择自己的生活。思路越开阔，对生活的见解越深刻，我们的感激之情就越持久、越深厚。即便生活中没有发生什么特别的事，我们仍然会觉得很幸福，因为我们感激自己所拥有的一切，就是这样简单。而以自我为中心时，我们就会觉得生活让人失望，继而变得愤愤不平、灰心丧气。期望永远无法得到满足，因此我们患得患失、永不知足，幸福离我们而去，我们找不到幸福圆满的感觉，于是无休止地寻觅着下一个有望带来持久满足的事物。生活变得令人难以忍受，因为即便我们好运连连，也仍然不满足，因为我们关注的焦点还是缺少点儿什么，还是不够好。

以自我为中心的心理甚至会促使我们毫不犹豫地追逐非理性的、毫无用处的“好处”。它想要得到更多——这一欲望是如此隐蔽，甚至在玩电子游戏时，哪怕目标仅仅是累积分数、获得高分，我们大脑的期望机制仍然保持着高度活跃。“自我”并不关心得到的东西是否有用，它只是一心想要得到那个东西。[4]

研究表明，人的生活环境与生活满意度无关，但人的主观感受与生活满意度有关。而主观感受直接反映了人们做出的选择，而不是生活条件如何。哈佛大学的一项研究结果证实了这一点：“一旦我们意识到生活现状在很大程度上取决于我们如何看待它，那么，外部环境只能为人的幸福贡献 10% 这一结果也就不那么让人惊讶了。”[5]

环顾四周，我们会注意到，有一些人无论身处多么顺利的环境中，都是闷闷不乐、愤愤不平的；而有一些人虽然忍受着难以想象的磨难，却能怀着一种发自内心的、不可动摇的欣赏和喜悦之情，快乐地度过一生。比所走的路更重要的是，我们在这一路上会成为什么样的人。“自我”很容易欺骗我们，让我们误以为发生在自己身上的事情有多么关键、多么重要。然而，并不是我们面临的挑战——而是我们如何面对挑战决定了人生经历的真正性质。而如何面对挑战，完全在我们的控制范围之内。

第三章

理解痛苦和磨难

09

痛苦来了

本书的第一章和第二章提出了一个心理等式：我们选择的质量＝我们生活的质量。在本章中，我们将从一个更广阔的精神层面获得对情绪健康——尤其是愤怒的更深层次的理解。正如美国心理学家亚伯拉罕·马斯洛提醒我们的那样：“精神生活是人类本质的一个组成部分。这是人性的一个决定性特征……”

当一个人遭受身体上的痛苦时，他无法让自己去想别的事情，他会不由自主地沉湎于当下。情感上的痛苦也同样能让我们沉湎于当下。[1]然而，痛苦只是一个支点，它不会撼动我们，但它给我们创造了机会，让我们能够做出以下反应中的一种：(1)过度放纵以避免或减轻痛苦；(2)强化虚假的自我，变得愤愤不平，以补偿软弱感和脆弱感；(3)采取负责任的行动，接受事实，并从这段经历中找到意义。如果我们能够看清并接受令人难以接受的现实，并且有所领悟，痛苦就会刺穿我们的外壳——“自我”。这种体验不仅会影响我们的形象，还会直接穿透我们，深入我们的灵魂，于是我们就会成长。著名心理学家、大屠杀幸存者弗兰克尔写道：“当无法改变现实时，我们就面临改变自己这一挑战。”[2]

我们在感到痛苦时会给它贴上“不好”的标签，但导致我们产生情绪痛苦的事情未必是坏事。一个对疼痛毫无知觉的植物人，难道比一个整天为了生活而奋斗的人过得好吗？痛苦不会阻碍我们成长，痛苦是成长的必要催化剂，而成长是必需的。成长是我们存在于这个世界的原因。没有成长的刺激，我们永远不会有任何改变。身体上的疼痛能给我们带来不少好处。如果体内没有痛觉感受器，那么我们的生活会有多危险？如果不小心靠在热烘烘的炉子上却感觉不到烫，那么我们的身体就会被灼伤。摔倒后我们可能已经骨折了，却因为感受不到痛而仍然一瘸一拐地走着，而这将造成更大的伤害。感受不到痛苦真的对我们是一件好事吗？

真正的你

如果想更深刻地理解生活中的艰难困苦，就需要把镜头推得更远，在更广阔的背景下看待我们的生活。这一更广阔的背景就是我们的灵魂，或者更准确地说，就是真实的自我。因为，事实上，“我们有灵魂”这样的说法并不准确。应该说，我们就是我们的灵魂，而我们的灵魂有一个身体。[3]

正如我们所了解到的，挑战本身并不会影响我们获得幸福，也不会让我们生气，但精神折磨会。前面已经说过，精神折磨是忽视现实和成长机会导致的情感后果。因此，即使一个人没有听从灵魂的需要去不断完善自己，从心理健康的角度来看，也只有张开双臂迎接现实才是最可靠、最迅捷的通向满意、充实和快乐的生活的道路，而且这也是唯一的道路。正如我们在第一章中指出的那样，研究结果非常明确：如果我们对自己的生活负责，就必然会产生痛苦。人们倾向于避免内在痛苦的心态，这是导致愤怒的根源，而且这种心态几乎是所有情绪疾病的根源。（用“痛苦”这个词，而没有用“挑战”这个词，是因为我们并不会回避人生中各种想要经历的遭遇，包括那些会带来挑战的遭遇。相反，我们很可能会热情地追寻它们。同样，我们也许想要避开那些无聊或艰苦的事情，但并不是因为这些事情很困难，而是因为我们觉得它们无聊、无趣，而做这些事情会给我们带来痛苦。）

让我们提醒自己一下，我们做出的选择越是负责任，我们的自尊心就越强，“自我”就会逐渐萎缩，我们的视野也会变得更加开阔。因此，我们能看到更远的前景，并获得意义。这给我们带来了快乐（同时减少了痛苦），并赋予我们与别人共情的能力——和别人交往，给予别人爱，得到别人爱的能力。即便感受到强烈的情感痛苦，我们仍然可以做出选择：我们可以压抑痛苦,分散自己的注意力,对自己的处境感到愤怒、心存傲慢;或者,我们也可以试着从这段经历中看到意义，并把它当作一个成长的机会。如果拒绝现实，那么我们的挣扎将是徒劳无益的。如果我们未能采取负责任的行动，所有的痛苦就会变成精神折磨，而一切精神折磨都将引发愤怒。我们将自甘堕落，由内而外地摧毁自己，直到允许痛苦的自我纠正机制穿透我们的外壳，把我们引向更健康、更负责任的方向。有的人在看到光的时候会有反应，有的人在感觉到热的时候会有反应，还有一些人直到被烧伤了才会有反应，有的人甚至到了那时仍然没有任何反应。你想成为哪一种人呢？这个问题的答案将决定你会过上什么样的生活。

为什么我要面对这样的挑战?

有时候生活似乎就是不公平的，它极其痛苦、极其艰难、毫无公平可言。是的，我们决定着自己的生活质量和对任何特定情况做出的情绪反应，但引发愤怒的一大原因是我们认为自己经历了过多的磨难，我们不该经历这些磨难。客观地说，当经历了别人没有经历的双倍或三倍的磨难时，我们就会觉得不公平，这是可以理解的。就算我们认同严酷的考验有利于自我反省和成长，但为什么我们会有这样天生的缺陷呢？

在下面一节中，我将解释这一点，还将讨论那种保护灵魂使命的力量。正是这种力量帮助我们沿着必须跋涉的道路前进。它不仅解释了为什么好人看起来总是在走霉运，还解释了一个也许更令人不安的问题（这个问题和第一个问题是对应的）：为什么坏人总能交好运？

10

为什么坏人总能交好运？

每个人都有自己特定的目标。我们的才华、长处，还有生活中的许多挑战，都是为了帮助我们实现灵魂的目标而量身定制的。最精确的描述这种同步系统的词，是希伯来语中的“mazal”。“mazal”的字面意思是“星座”，它指的是一个人受到其出生时所对应的星象的影响。（它指的是自然世界和一个人的性格之间的某种神秘关联，实际上与现代占星学、算命术和占星术没有什么关系。）

“mazal”这个词经常被翻译成“运气”。因为，从我们的角度来看，发生在一个人身上的事情往往是随机的。但我们没有认识到的是，一个人想要完成他在这个世界上的任务，他有可能享受自己不配得到的财富，也有可能面临赤贫的窘境。因此，一个人可能做了所有该做的事，但似乎仍然没有交好运。而另一个人却毫不费力地取得了一次又一次成功，好运气简直挡也挡不住。对“mazal”更准确的定义是：人们为了完善自我所需的各种条件和环境的总和。在一个人出生之前，他所需要的一切工具和手段——他的品质和特点、体力和思维能力，以及可供他支配的一些手段都已经同步化了，为帮助其灵魂走上完美之路做好了准备。

“mazal”有一定的影响力，但它并非不可改变或不可避免的。命运通常并不会突然转向，那种认为无论我们付出了怎样的努力都无法改变好运，或危机从天而降的宿命论并不准确。“mazal”的存在能加快灵魂的成长，但与此同时，我们也必须尽自己的力量，绝对不能对此掉以轻心。举个例子，假如有这样一个人，他的“mazal”注定他将拥有巨大的财富，而他却选择把时间花在琐碎的小事上。由于命运的安排，他继承了100万美元，而他立即用这笔钱去赌马了。他的“mazal”让他赢了。然而，如果他一次又一次地去赌钱，那么他的“mazal”早晚会耗尽。“mazal”帮助我们不断前进，并和我们的人生目标保持同步。因此，一个放弃责任的人，可能会失去“mazal”给予他的任何积极支持。

由于灵魂的隐性影响力，我们无法衡量什么才能最符合每一个灵魂的最佳利益，以及它在这个世界上存在的意义。如果一个人在一次看似偶然的事件中受伤或死亡，那么显然不能说他放弃了自己的角色或责任，因为许多伟人也都非常不幸地英年早逝了。共同的命运并不意味着共同的精神境界，绝不能妄加揣测。同样，由于每个人的层次不同，适合一个人的选择不一定适合另一个人。正如一句耳熟能详的格言所说：在你穿对方的鞋子走过一英里[①]路之前，不要对别人妄加判断。

人有不同的爱好和天生的欲望。对此，埃德蒙·伯克曾优雅地写道，这并不能用理性来解释，而是“在理智准备好赞成或反对它们之前，它们就已经俘获了灵魂”。我们带着自己的一系列特质来到这个世界，这些特质中没有一样是天生好的或天生坏的，它们都可以被后天引导成建设性的或破坏性的。即使是人性中最低劣的特质，也可以被用来做好事。杰出的心理学家卡尔·荣格解释说：“创造力很容易成为一种破坏性的力量。创造力将被用来做好事还是做坏事，完全取决于个体的道德人格。如果某一个体在这方面有所欠缺，那么没有任何一个教师能够赋予该个体这种道德人格，也没有任何教师的力量能够取代这种道德人格。”[1] 马斯洛把“自我实现”确立为人类最高层次的需求，他总结出这一原则：

> 音乐家必须作曲，画家必须画画，诗人必须写作，唯有这样他们才能得到内心的宁静。一个人能成为什么样的人，

① 1 英里≈1.61 千米。——编者注。

他就必须成为什么样的人，这就是我们称之为自我实现的需要……它指的是人类个体想要取得成就的愿望，即人的一种实现自我潜能，成为他能成为的人的倾向。[2]

因此，人应该为自己这种与生俱来的内驱力找到一个正面的出口。他必须将所有内驱力引向有利于他成长的方向。如果不能充分发挥内驱力的积极作用，那么最终他肯定会臣服于自己肆无忌惮的欲望，并受其支配。

每个人都有自己独特的目标以及为其量身定制的优势。与此类似，我们的弱点也能让我们最大限度地发挥潜力。正如西格蒙德·弗洛伊德所写的那样："你的优点正来自你的缺点。"这意味着，让某人获得成功的奋斗历程，可能并不适合其他人。我们所面临的挑战，有的是普遍存在的，如克制愤怒、克服懒惰；而有的则是我们自己特有的，如应对身体上的某种缺陷，或者处理过于敏感的情绪。这些因素为我们的人生经历确定了基调，但和我们能回忆起来的一样，它们仍然与我们能否获得满足感无关。现在不妨让我们回顾一下第8节所解释的内容，我们很容易受到误导而无法这样思考。

徒有其表的胜利

有时，即便一个人放弃了自己的全部责任，他仍有可能在某些特定的领域中取得成功，但这样的成功是苍白无力的。毫无疑问，一个不负责任的人，会偏离他的目标和潜能，事实上，他会遇到一系列精神健康方面的问题，这些问题会阻碍他享受他所取得的成就或所得到的一切。对一个生性抑郁的人来说，长寿之福反而成了一种强加于自身的诅咒。假如一个有钱人肆意挥霍自己的财富，沉溺于自我毁灭的恶习中无法自拔，那么财富对他来说是一种诅咒，而不是福气。同样，虽然拥有一个家庭是一种福气，但如果我们一天到晚和家人吵架，或者和家人关系疏远，那么有家庭就反而是祸而不是福了。在这种情况下，它只会损害我们的情感、精神和身体健康。如果失去了开阔的视野，我们的应对机制就会失效，此时我们就会觉得世界给我们制造了一个又一个麻烦。生活中的一切美好的事物都没有得到我们的关注，相反，我们被一种理所当然的感觉驱使，长期处于一种欲求不满、骚动不安的状态，那么我们的结局也就可想而知了：沦陷于失望和绝望之中。

无论生活给了我们什么，我们都可以让苦涩的药丸变得容易吞下一些。如果我们选择与众不同、出类拔萃，或许还可以把生活变成一场奢华的盛宴。灵魂的使命和相应的“mazal”会影响一些偶然事件，但正如我们所知，获得幸福和保持情感健康是人的一种主动选择。生活中的各种挑战并不是平均分配给每个人的，但我们拥有的做出选择的力量，则堪称一个效用强大的平衡器。

第四章

与过去和解

11

接受的各个层面

前文已经讨论过，如果拒绝接受关于自己和生活的事实和真相，我们就会被迫扭曲周围的世界，使之与那种我们更喜欢的、不那么痛苦的“现实”相匹配。因此，想要接受现实，就必须接受自己，而为了完全接受自己，我们需要与过去休战讲和，为未来做好打算。下面先来说说最重要的一点。

自我接纳

真相是不会被现实冒犯或颠覆的。你以为你的自我形象需要小心保护，但事实并非如此。如果我们完全接受自己，就无须投射一个自我形象。我们没有什么可保护的，也没有什么可隐瞒的。我们将变得更加真实，彻底的真实。在下面的诗中，莎士比亚充满诗意地表述了这一信条：

> 最为重要的是，你必须忠于你自己，
> 就像黑夜忠于白昼，
> 对自己忠实就不会欺诈别人。[1]

荣格说，我们不喜欢的自己个性中的每一点，都会对我们充满敌意。想要变得更勇敢，就意味着我们必须面对自己，因为我们真正害怕的是发现自我，这是不言而喻的。当面对一个自己完全承认的事实时，我们并不会轻易受到冒犯。同样，我们也不会被彻头彻尾、明目张胆的谎言困扰。只有面对一个自己拒绝承认的事实时，我们才会变得敏感或不自然。彻底的自我接纳能保证一点：我们不会把各个细节串联在一起，让别人的行为指向我们自身的某一缺陷。

你有没有注意到，下面这句话说的不假？一旦你完全接受了你自己或你人生中的某一方面，你就不会再逃避它了。你不在乎谁会知道这一点，谁又会发现这一点，你当然更不会让它阻挡你前进的脚步。不妨想象一种全然接受自我的新生活——没有任何面具，没有任何把戏，没有任何伪装。当你不再躲避你自己的时候，你的虚假身份就会消失，因为它存在的唯一目的就是让你看不到你自己。这时候，你的恐惧消失了。因为你将真实的自我暴露出来，让自己或他人知晓，对你来说原本一直是一种威胁，但现在这种威胁已经不复存在了。你自由了，因为你再也不会为自己感到羞耻了。而在获得这样的自由之后，你也不会再轻易动怒了。

接受不等于认可

我们经常把接受与认可混为一谈。这种错误的想法不仅否定了“无条件的爱”这个概念，而且削弱了我们接受自己，接受自己的缺点以及其他一切的能力。接受并不意味着不采取任何行动，放任自己做一个受害者。相反，接受是成长之路。如果想从A点来到B点，那么我首先要承认现在我在A点。如果我选择逃避，不敢正视我是谁，我在哪儿，那么我就永远无法前进。接受不是让自己陷入被动，而是一个使自己改变的起点，因为我们无法在拒绝接受事实的情况下成长。看似矛盾的变化定律指出：“改变发生在一个人成为他自己的时候，而不会发生在他试图成为他所不是的那种人的时候……一个人必须首先充分感受、了解自己是一个什么样的人，然后才能认识到他有可能成为什么样的人，并且看到所有摆在自己面前的选择。”[2]

卡尔·荣格还有一句名言：“所有让我们对他人感到不快的事物，都能让我们更加了解自己。”如果我们接受自我，那么我们还能避开一种强大的愤怒触发机制——镜像效应。人们常说，我们会注意到别人身上的一些让我们感到厌烦的性格特征，是因为这些特征其实在我们自己身上存在。这种说法并不完全正确。我们之所以能够察觉到别人的某些缺点，也许是因为这些缺点我们自己也有，但能看到这些缺点和为此而烦恼则完全是两回事。只有当我们还没有接受自己的这个缺点时，我们的理智观察才会变得情绪化。如果我们接受了自己的某一缺点，那么当我们看到这一缺点在另一个人身上表现出来时，我们就会产生强烈的同情心，因为我们知道这个人正在遭受什么样的折磨。我们可以透过爱和善良的滤镜去观察他，可以更好地帮助他，让他也察觉到自身的缺点。

当对方看到我们的动机是纯粹的，源自对他的爱时，双方之间的这场谈话就和“自我”介入时的情况完全不一样了。当“自我”横插一脚时，我们的言语就会让人感觉自己正在遭到攻击，而这种攻击完全不像是出自一片好心。任何源自愤怒或怨恨的指责，都不是因为爱对方，也不会被对方当成爱心而欣然接受。正如所罗门王说的那样：“水怎样映照人面，人对他人的心思也怎样反映其人。”[3]

堵住能量泄漏

人生的质量取决于我们选择的质量。没错，但这样就够了吗？在你我身边，许多人都遭受了各种创伤和悲剧性事件：童年时遭受的虐待、情路坎坷，有疾在身或遇人不淑而饱受折磨、伤痕累累。“我真没用”——这条信息在我们的脑海里一遍又一遍地回放，几乎流经了全身的血脉，我们该拿它怎么办呢？

正如第 8 节中所说，广阔的视角将自然而然地赋予我们一种能力，让我们可以将创伤放在一个有意义的大背景之下看待和剖析，直至过去的创伤与我们的身份融为一体，最终成为一段定义我们自身的人生经历。然而，如果在幼年时期就遭受了非同一般的创伤，我们就很难摆脱它，因为那段不幸的经历控制了一切，吞噬了一切，它是我们知道的唯一一个故事版本。要想放下过去，继续美好的生活，我们必须勇敢地面对自己。如果想要去爱，去接受自己看到的一切，我们就必须直面过去。

12

创伤、悲剧和诱因

当对未知的一切感到无能为力时，我们可能会因为无法满足让一切尽在控制之中的幻觉而变得怒气冲冲，哪怕这种愤怒可能指向我们自己。你是否听别人说过："一无所知才是最糟糕的?"即使是令人痛苦的坏消息，也比什么消息都得不到强一些。与此类似，有的人会这么想："这个世界会怎样伤害我呢？对此我无法预知、无法控制，但如果我去伤害自己，我就可以控制自己的痛苦了。"这就是说，为了控制痛苦，我们可能给自己招来痛苦——甚至不惜完全毁了自己。通过这种方式，我们似乎除去了更大的威胁——那种由残酷的、令人脆弱无力的恐惧所引发的痛苦。我们似乎让痛苦变得可以预测了。而内疚（"我伤害了别人，我做错了"）和耻辱（"我是个坏人，我是个卑鄙的人"）

进一步强化了自我伤害的动机，因为我们想要惩罚自己、伸张正义、纠正错误，不是吗？

这种存在严重缺陷的痛苦管理方法，实际上带来了更残酷的后果。因为那种对无法控制的痛苦的恐惧和觉得自己一无是处的痛苦相比，完全是小巫见大巫。在试图避开生活中的痛苦时，我们对生活本身的感觉会变得麻木。人生真正的悲剧不是找不到出路，而是压根儿就不在乎是否有出路。

决定的力量

无论在哪种情况下，无论面临哪一种恐惧——是遭人忽视、遭人羞辱，还是遭人抛弃，当我们了解可以选择愤怒后，就有可能试着用愤怒去堵上那个自尊心的缺口。也许有许多人曾经待我们不好，甚至虐待了我们。毫无疑问，他们对我们随后的自我毁灭行为负有责任。然而此时追究责任并不能推动我们前进，也不会让我们过得更快乐或者更充实，而从现在开始主动承担责任，则能立马改变局面。这不是该推迟决定还是该立即行动的问题。事实上，我们无时无刻不在做选择：要么继续生气，要么立刻放下一切。

生活的质量与我们愿意承担多少责任成正比。负责任地生活意味着你在最大限度地控制自我。每时每刻，你都对发生在你身上的事情有话语权，你都做出了选择。在关键时刻，你不应再翻来覆去地念叨“我怎么走到了这一步?”或“我无法控制自己”,而应该试着去面对一种新的可能:“在我目前的控制范围之内,什么能帮助我正确评价自己?什么能帮助我提醒自己,我是一个有尊严、值得尊重的人?”

再次拥抱“接受”这一礼物

完全的接受包括承认生命中一些最痛苦的考验是我们无法理解的,更不用说彻底领悟了。一旦我们开始接受事实,“自我”就不能再将自己的那套破坏性叙事强加于我们了。我们的“自我”总是固执地想要弄清楚这一切都是为了什么。但是,如果能够接受甚至拥抱未知的一切,即便无法彻底了解那一个个为什么,只要知道这一切不会违背灵魂的至善,我们就能得到自由和解脱。如果放任“自我”凌驾于我们之上,它就会左右我们的世界观,劫持我们的价值观,扭曲我们的信仰体系,试图让未知变成已知——而这压根儿就是徒劳的。

试图从我们的各种经历和遭遇中找出意义,借此获得洞察力,试图去理解、领悟发生的一切,这都是正常的、自然的,也是治愈性的、健康的。然而,如果没能做到其中的任何一点,我们就不能随心所欲地捏造一个理由说服自己,因为你所编造的那个理由是虚假的,而这虚假的一切会将你的人生牢牢地束缚住、捆绑住。因此,我们度过的一生仅仅是被迫对过往的创伤做出反应，除此之外乏善可陈。让我们看看其中涉及的心理学问题。

从统计数据上看，热衷于滥交或在性行为方面过于放纵、随意的女性，或一个以卖淫为职业的女性，很可能在童年时代或少女时代遭受过某种形式的性侵犯。调查表明，85% 以上以卖淫为职业的女性在幼年时曾经遭到性侵犯。为了淡化、理解发生在她身上的事情，她往往被迫（尽管是下意识地）想方设法降低这一事件的重要程度。而任性滥交稀释了两性关系的价值和神圣性，由此，发生在她身上的事情似乎就变得不那么痛苦了。简单地说，对她而言，受到伤害或被夺走的东西的价值已经降低了。她的“自我”也试图通过一而再，再而三地体验这种改头换面的创伤（只不过现在的每一次创伤都是在她的控制之下发生的），来淡化这种创伤给她带来的脆弱感和无助感，然而这根本就是徒劳无功的。

将两性之间的亲密行为贬低到无足轻重的程度，能够让她觉得“这点儿事情无关紧要”，让她对此事的态度发生改变。或者，她也有可能得出“自己无足轻重”的结论——这似乎也能说得通。伤害一个毫无价值的人能有什么坏处呢？如果这是她得出的结论，那么一系列自我毁灭式的行为很快将会接踵而至，而这些行为会使她更加确信自己一无是处，不配得到别人的重视、关心或保护。如果一个没有价值的人受到了虐待，那只能说明这个世界是公道的。这会有什么坏处呢？就像把垃圾扔进垃圾桶一样，这是理所应当的。当然，在错位的羞耻感的影响下，她可能会得出这样的结论：我应该怪自己，这一切都是我自找的。“自我”可以忍受这样的推理。顺便说一句，当人们得知交通事故的遇难者对自己的悲惨命运负有一定责任时，可能会得到一种扭曲的安慰。这两种情况其实颇为类似。“他喝了酒”“他是个有虐待倾向的人”——对我们来说，这就说得通了。他并不是一个不应死于非命的无辜受害者，一切都是他自找的。灵魂承认绝对的正义存在于有限事物的面纱之外，但“自我”坚持通过强行建立联系捏造结论来解释无法解释的事情，并致力于除去本来就不存在的羞耻感。

由于视角有限，我们未必能理解万事万物的缘由和因果。一旦愿意接受这一点，我们就不会再一味钻牛角尖，以理解那些不可知的事物为人生的唯一目标了。如此，我们就能走向自由，迎来新生。

13

幸福的童年永远不会来得太迟

即使我们竭尽全力，想方设法地做好人、做好事，我们的自尊心也会因为童年的不幸经历而受到伤害。在我们开始怪这个、怪那个之前，最重要的是别忘了下面这一点：即使孩子的父母（从理论上说）做到了所有能做的正确的事，在一个孩子从未成年人过渡到成年人的过程中，他仍然可能失去自尊心。一个人的自尊心有可能会受到学习成绩、社交因素或健康问题的伤害。但在所有因素之中，没有什么比在父母自尊心低的家庭中长大更有害的了，而且这并不仅仅局限于孩子遭到父母虐待这一种情况。

即便是在一个充满爱和关心的环境中长大的孩子，如果父母过于溺爱，孩子的情感状态也会受到影响。过度溺爱和保护会给孩子生活中未知的方方面面笼罩上恐惧的氛围，这将导致孩子的自我意识过强、过度焦虑和恐惧。而我们知道，恐惧是愤怒的前兆。这些孩子长大后通常会成为无法忍受别人拒绝自己、情感脆弱、缺乏自信的成年人。尽管父母是出于好意，但过度保护的行为是父母缺乏自尊心的表现，往往和下列一种或多种动机有关：(1) 父母不能容忍自己的孩子担惊受怕或受到伤害（这是其自身的恐惧感和不安全感的投射）；(2) 父母害怕，如果管教孩子，孩子就会不爱他们，或者对他们发火；(3) 想要孩子成为他们的朋友，并且不喜欢表现出适度的、负责任的权威；(4) 希望孩子永远依赖父母，这样他们就觉得自己有用或能够掌控孩子的人生，从而填补自己情感上的缺口。[1]

尽管如此，如果一个成年人的自尊心受到了严重伤害，这往往是由于他本人早年缺乏以适当的方式表达爱，或其经历了动荡的童年期或少年期。而以自我为中心的人（孩子）很容易把父母对他们行为的表现归咎于他们自己的过错。一个 7 岁的孩子不会对自己说："哇，爸爸今天工作不顺利，刚刚损失了一大笔钱，所以他今天发泄了一下，把气出在了我的头上。不过没关系，我知道这与我无关，这只是因为他今天过得不顺。"如果父母生孩子的气，孩子就会自然而然地认为这是因为自己犯了错。于是他就产生了羞耻感。他会这样理解父母生气的原因："我不配得到他们的爱。"而这样的想法很快会进一步演变成："我不配得到所有人的爱。"如果连一个普通的孩子都会对充满爱心的父母产生这样的看法（事实上很多孩子都会这样想），那么可以想象，那些受到父母虐待的孩子有多么容易得出这样的结论：“我不值得被爱”或者“我很糟糕”。

如果小时候没有从父母那里得到爱，或者觉得我们的生活因创伤或家庭动荡而失去了控制，我们就可能会在余生极其渴望得到爱，并希望被接纳。我们所做的一切都是为了达到这个目的，但这个目的实际上是无法达到的，因为你无法修复那些压根儿就没有破损的东西。我们是完整的人，我们一直都是完整的人。

父母给孩子的爱会受到他们自身局限性（而不是孩子的局限性）的影响。当我们还是小孩子的时候，我们从来没有想过也许这一切与我们无关。如果一个母亲拥有爱的能力，她就会爱她所有的孩子——即使这个孩子后来成了杀人犯。但如果她缺乏爱的能力，那么即使是一个天真无邪、彬彬有礼的孩子，也会让她充满敌意，因为她没有能力给予爱。我们的自我价值并不取决于父母是否接纳我们。但即便作为成年人，我们仍然很难理解这一点。回想一下，我们的“自我”杜撰了这样一个等式：“别人如何对待我，就反映了我有多少价值。”事实并非如此，我们并不会因为有人不爱我们而变得差劲。

如果看到一个人坐在轮椅上，我们不会因为他无法站起来走路而生他的气。一个有情感障碍的人其实面临着同样的挑战。

怨恨父母无法给我们一些他们自己没有的东西，这有意义吗？如果父亲或母亲过去（或许现在仍然）没有能力爱我们，我们是否一定要为此耿耿于怀、继续生气呢？如果他们自己没有爱，那么他们就不能给予爱——不管在他们的灵魂深处有多么渴望爱自己的孩子。正如第4节中提到的那样，别人（包括我们的父母在内）如何对待我们，反映了他们自己是否拥有自我价值感，但这与我们的自我价值感毫无关联。我们该问自己："如果小时候父母不是这般对待我，那么我今天会成为什么样的人？"不管那个人怎么样，那个人才是真正的你。

重新定义过去

现在，如果转换一下视角，我们就能通过重新定义过去的方式消除对过去的陈旧认知，并永久性地改变我们看待自己和世界的方式。回想一下，环境本身会生成意义。因此，通过重新定义过去，把过去放到一个与先前不同的大环境中，我们就能立即、自动地改变过去生活的意义。举一个日常生活中的例子来说：一个故事的结局往往能成就一部作品，也能毁了一部作品，不是吗？一个愚蠢的结局是不是毁了我们阅读的兴致？多少会有一点儿。我们从头到尾、仔仔细细地读了这本书，并且一直看得津津有味，但一个糟糕的结局毁了我们之前看这本书时的愉悦感。相反，如果结尾处出现了一个令人兴奋的转折，那么这个结尾会让整个故事变得精彩起来——我们仍然会回味前面的一幕幕场景，但现在已经完全颠覆了先前的印象。现在，我们看到的是完全不同的内容了，一切都和先前不一样了。

人们很难理解这样一个概念：现实并不是线性的，视角的改变会导致我们的态度、感受和想法出现回溯性的变化。现在，假如有一位上了年纪的女人，她一直以为自己结婚60年来过得很幸福。可是在她临终前，有人告诉她，她那个不久前去世的丈夫从未爱过她，是她的父母付了他1 000万美元，让他娶她为妻。不但如此，他还有自己的秘密私生活，在另一个城市中，他还娶了另一个妻子。那么我们能说，她的一生都很快乐，只有临终前的30秒过得不太快乐吗？往昔那些生日庆典、周年纪念日、散步、交谈、欢笑和美好假期，是否都从她的记忆中消失了？没有。这一切都还在她的记忆里，但这些记忆都已经变了味。她往昔生活的点点滴滴如今已变得面目全非了。如果在她了解了真相之后，有人再问她："你这一生过得怎么样？"那么她会怎么回答呢？她还能轻轻松松地说"过得好极了"吗？不可能了。她很可能会说："我的这一生太可怕了，让我伤透了心。"尽管所有人物和事件都没变，但我们已经能够想象，"现在"对之前发生的事情产生了怎样巨大的影响。

这并不是说，我们应该说服自己，过去经历的一切没有任何意义。相反，应该考虑到这样一种可能性：我们赋予某一事件的意义很可能并不是真实的，我们在不良关系或过去创伤的基础上形成的那种自我感觉或许也并不准确。不必因为别人讨厌我们就讨厌自己；不必因为别人伤害我们就伤害自己；别人不爱我们，并不意味着我们不值得被爱。

付出能得到回报

研究表明，宽恕不仅能让我们对冒犯自己的人重新产生好感，还能“超越我们与冒犯者的关系本身，促成一种推而广之的亲社会倾向”。[2] 换句话说，在原谅伤害过我们的人时，我们的各种人际关系似乎都能从中受益。反之亦然。如果我们由于某段恶化的关系而愤愤不平，那么我们与其他人的关系也会随之受到影响。

我们不会忘记过去那些痛苦的经历（包括身心两方面），因为需要从这些经历中得到教训并避免重蹈覆辙，这是人类的一种能力。但在对过去的事情彻底释怀之前，它们仍然是我们生命的一部分。现在，不妨回想一下那些你拒绝释怀的事情，并将这些事情与那些你已经接受的事情比较一下。事实上，大脑会构筑特定的神经通路来提醒你潜在的威胁，在你处理好这些负面情绪后，这些神经通路才会失效。[3] 我们越是反复去想这些错误，不断刺激这些错误，这些神经通路就会越发达、越牢固。因此，我们会让这些神经通路的优先级不断提高，成为一个看谁都不顺眼，老是愤愤不平，内心充满怨恨的人。如果心中的怒气无法消散，我们就会在情感上、精神上和身体上遭受各种痛苦。相关的生物反馈实验说明，当一个人产生了某种会让他生气的想法，或回忆起过往那些受到侮辱或充满怨恨的事情时，他的压力水平会立即升高。相应的，宽恕对方会使人体内出现大量的化学成分，并导致神经肌肉变化，使人体的压力水平立即下降。

大量研究文献都提到了宽恕别人对一个人身心的各种益处。宽恕能减轻焦虑、压力，减少敌意，减少抑郁症状，减少酗酒和滥用药物的风险。[4] 其他一些研究发现，宽恕与人体的五项健康指标呈正相关，这五项健康指标包括体征、用药情况、睡眠质量、疲劳程度和身体状况。[5]

给予与爱

当一个人对别人付出时，他会更爱对方。所以，如果他耕耘爱，爱就会生长。孩子接受父母的爱，父母给予孩子爱，那么谁更爱对方呢？有些孩子迫不及待地想要走出家门，而父母却永远牵挂着孩子。每一种积极的情绪都源于给予，并从我们身上流向他人；而每一种消极的情绪都和我们想从他人身上索取有关。

相关研究证明，当我们伤害了别人之后，我们会更加不喜欢他们，因为我们受到了潜意识的驱使，希望疏远自己的这种情感，以减少认知失调。此时我们的内在冲突在于："我为什么这样对待他？"随后我们就会为自己找到理由："一定是因为我真的不喜欢他，这都是他活该！"否则，我们就不得不去考虑，也许是我们自己并没有那么好，或者是我们自己做事不够公平、公正。这一原则反过来也是成立的。在为别人做了好事之后，我们会更喜欢他们。例如，在帮了某人一个忙之后，我们很有可能会对对方更有好感。下面这一段文字摘自本杰明·富兰克林的自传，也足以说明这一点：

> 我第一次晋升，是在1736年被选为议会秘书。当年没有人对此提出反对。但是第二年，当我再次被提名时（议会秘书与议会成员都是每年选举一次），一个新的议会成员发表了长篇演说，反对任命我为秘书，因为他想支持其他候选人。但后来我还是被选中了，这个结果当然让我很高兴。因为除了可以拿到担任秘书的薪水，我还得到了一个宝贵的机会：我能继续和议员们保持联系，这为我招徕了印刷选票、法律文件、纸币和其他零散的为公众服务的生意。总的来说，这些生意的利润都很高。
>
> 因此，我不喜欢这个新议员的反对意见。但他是一个有钱有势的人，受过良好的教育，而且还很能干。日后他有可能成为众议院中一个举足轻重的人物，后来的事实证明果然

如此。然而，我并不想卑躬屈膝地向他谄媚来赢得他的支持。一段时间以后，我采取了另一种方法。我听说，他的藏书室里有一本珍奇的书，于是我便写了一张便条给他，表示我想细细品读那本书，并问他能否把那本书借给我看几天，他立刻把书借给了我。大约一个星期后，我把书还给了他，并附上了另一张便条，强烈地表达了我的感激之情。我们再在众议院见面时，他很有礼貌地跟我寒暄了几句（以前他从来没有和我说过话）。从此以后，他总是非常乐意给我帮忙，我们成了很好的朋友，我们的友谊一直延续到他去世之前。我曾看到过一句古老的格言："曾经帮助过你的人，将比你自己帮助过的人，更愿意再次向你伸出援手。"而这件事再次证明了这句格言是正确的。这件事也表明，与其冤冤相报，延续彼此之间的敌意，还不如小心谨慎地将它化解。[6]

在第 23 节中，我们探讨了一个有趣的现象，叫作面部反馈假说。这一假说指出，某一不协调的表现或行为，会迫使潜意识重新调整我们的感觉和信仰，使自己获得和谐。这不仅能立即见效，还有助于减轻我们对他人的敌意或蔑视。对于我们最亲近的人，这一方法尤其有效，因为我们可能会对他们表现出消极的攻击性。这是一种根除我们潜在愤怒的有效方法。

不管与对方的关系如何，即使不想再和这个人有任何关联，我们仍然会发现，宽恕对方是非常有好处的。因为宽恕可以让我们放下过去，继续美好的生活。即使这个人已经不在人世，我们仍然可以通过做一些怀念对方的事情，来化解内心的怨恨。比如，为他捐款，做一件善事，种一棵树，给他的坟墓献花，等等。我们可以做点儿事来强化我们想要放下过去、继续前行的愿望。

也许有一天，可以问问自己："我要花多少时间和精力来点燃愤怒的火焰？我还要为此付出多少精力？"即使对方有天大的过错，宽恕并不意味着否认对方给我们造成的伤害，忘记这件事曾经发生过或不再追究对方的责任仅仅意味着，我们不会再让这个人破坏我们的潜能，再来伤害我们。从根本上说，宽恕别人，就是使自己逃离"受害者"这个可悲的角色。

14

请接受我的道歉

大多数人心里的怒气，来源于我们不愿处理别人对我们做过的事情（产生愤怒），或者不愿面对我们自己做过的事情（产生内疚或羞耻，即内化的愤怒）。也就是说，我们不愿面对痛苦。除非现在采取负责任的行动，或者“纠正我们的错误”，否则我们就会发现，自己的自尊心在不断地丢失。

首先要原谅自己

你有没有注意到，当你生自己气的时候，你更容易撞到东西或者把东西打翻？你其实是在通过这样的行为无意识地报复自己，因为你做出了让自己后悔不已的决定。内疚是一种消极的力量，它会把我们压垮，使我们在无意识中做出一些伤害自己的事情。根据相关研究和一些基本常识，内疚会让我们产生自我毁灭的倾向，使我们渴望受苦受难或受到惩罚。[1]

我们必须原谅自己，原谅我们对他人和自己造成的伤害。承担责任不是为了变得完美。当我们发现自己犯了错误之后，就应该主动承担责任，并想方设法改正错误。原谅自己的能力，而非自我鞭笞的能力，增强了我们的责任感，让我们得以恢复自控力，并重新回到正确的轨道上。[2] 自我同情有助于我们进行自我调节。科学家已经通过核磁共振成像实验证明了这一现象的神经生物学基础。同情自己，给予自己温暖会引发一种神经-情感反应，这种反应类似我们受到别人关心、支持时所产生的反应。[3] 这会让我们感受到爱和支持，让我们意识到我们应该得到更好的，并促使我们产生持久地关心自己，为自己谋福利的意愿。[4] 此外，在你让自己失望的时候，你对自己越宽容，就越容易在别人让你失望时宽恕他们。

内疚（“我伤害了别人”“我做错了”）和羞耻（“我太坏了”“我做出了这样的事，我真是个卑劣的人”）没有一点儿用处，除非内疚和羞耻能激发你采取行动，但在这种情况下，我们只会感到后悔。不能通过给自己的行为寻找理由，或者轻描淡写地说点儿什么就试图抹去我们所作所为的后果，但我们可以通过把内疚或羞耻转换成遗憾和后悔的感觉，并将遗憾和后悔的感觉转化成行动，从而将一些消极负面的情绪转变成积极正面的情绪。

我们必须下定决心，绝不再犯同样的错误，这是一次性的行为，不会再有下一次了。然而，如果我们继续做我们觉得不对的事，就必须想方设法让我们停止这样的行为。如果不能马上控制住自己，我们就必须制订一个计划，给自己设定一个期限，在这一期限内停止这种行为，并且坚持这个计划。我们需要为自己制造一些障碍，避免重蹈覆辙。通过这种方式，我们向自己也向别人做出了坚定的声明：我真的已经改过自新了，我正在尽我所能，让这个全新的、更优秀的自己站稳脚跟。最后，我们必须尽最大努力纠正我们的错误。（参见下一小节）

“自我”更愿意承受已知的痛苦，所以我们往往会退回自我伤害这个避难所中。但是，成长，即摆脱困境的关键，始于我们以充满爱、同情和耐心的目光来看待自己的那一刻，而不是对自己严厉谴责、横加指责和妄加判断的时刻。我们会发现自己其实并不坏。我们的痛苦来自别人施加于我们的一切，以及我们自己的所作所为。我们受到了别人的伤害，我们也给自己造成了伤害。

一个沉浸在内疚或羞耻中无法自拔的人并不高尚，他很自私。沉溺于绝望之中是不负责任的表现，其危害远远超出最初导致一个人产生负罪感的任何行为。他把自己舒舒服服地包裹在自我怜悯和麻木之中（这种“止痛药”总是随手可得，而且取之不尽），以避免面对自己、面对自己的行为和自己生活中的种种痛苦。他声称自己一无是处，已经被彻底摧毁、无法挽救了。这种在无意识中做出，受到“自我”驱动的策略，巧妙地回避了一个人应该承担的责任，因为他声称自己不配得到快乐。他就这样避免了责任带来的痛苦和义务带来的重负。

纠正自己的错误

宽恕和道歉都能给我们带来一种情感自由的感觉。这就是为什么我们在这样做之后会感觉很棒。我们向别人道歉，也宽恕别人。只有当我们拥有自由时，我们才能给予，而仅仅是这一行为就能让我们更加独立，并增强我们的情感免疫力。然而，在我们试图宽恕自己之前，必须小心行事。当我们明显地伤害了他人的尊严，辜负了他人的信任，侵犯了他人的权利时，想要宽恕自己的所作所为，就必须让人际关系（无论是私人关系还是工作关系）恢复到一种平衡状态。只有达到平衡状态，我们才能找到正义，而只有找到正义，我们才能获得宽恕。尽可能按照以下六步法采取行动，试着修复人际关系，并让自己获得内心的宁静。

第一阶段：谦卑和尊重

如果一开始没有表现出十足的谦卑，那么我们很可能无法得到别人的宽恕。我们必须摆脱“自我”，这不是为了自己，而是为了对方。这意味着，我们不应该为了维护自己的观点而大声争辩、大吵大闹，或来到对方的办公室强迫对方听我们解释。相反，我们应该在和对方交谈之前先征得他的同意。如果你们的关系非常紧张，你甚至可以在开始面对面交流前就先通过一张便条或某个中间人与对方沟通一下。在接近对方时，你应该表现出极大的敬意——甚至敬畏，这是必不可少的。在和对方交流之前，要先征求对方许可。如果他不想和我们说话，我们就应该马上离开。我们可以下次再试着和对方沟通。（即便对方朝我们大喊大叫，那也没什么关系。）然而，盛怒之下，我们往往会说出这样的话：“我特意开车来的，所以你一定要跟我说几句。我都说了对不起了，你还想怎么样？”当我们进一步表现得不尊重对方时，我们的行为就无异于火上浇油。而如果能够让对方看到我们是在尽力弥补和修复关系，那么我们实际上并不需要多说什么。

如果对方甚至不愿和我们说话，或者双方已经有段时间没联系了，那么我们可能需要先尝试疏通双方的关系，这就得多付出一些努力了。比如，坐飞机到对方的城市去送一封道歉信，然后什么话都别说就离开那儿。如果我们能在情感上、经济上或任何其他方面有所付出，展现出诚意，那么即使没有立即达到目的，我们的做法也能起到缓和双方关系的作用。

第二阶段：承担责任

为自己的行为承担全部责任，这点非常重要。不能推卸责任，也不能找借口，这只会让双方的关系更加紧张。不该说“我很难过，因为我们都有错……”或者“我不认为这有什么大不了的……”我们不能责备对方（无论是针对他的行为还是由他的行为引起的我们的反应），也不能轻描淡写自己的过错。

第三阶段：真诚地道歉

有时候我们会忘记说“对不起”。虽然说声对不起还远远不够，但是，如果你想要得到对方的宽恕，那么一声对不起是必不可少的。此外，必须承认我们的行为伤害了对方：“对不起，我知道我伤害了你，给你带来了痛苦。”我们一定要展现出足够的诚意。不真诚的道歉是没人相信的。如果对方不相信我们的诚意，他就不会原谅我们。如果我们没有发自内心地感到抱歉和懊悔，那么我们可能会再次做出这样的行为，从而给对方带来更多的痛苦——如果情况是这样，那么我们也许该重新审视双方的关系还有我们自己的所作所为了。

第四阶段：愿意接受后果，甚至愿意主动承担后果

嘴上说说是一回事，真心改过又是另一回事。如果对方认为我们妄图毫发无损地逃避责任和后果，那就完蛋了。你得让对方

知道，你愿意面对并承担你的行为导致的所有后果。把自己交给一个我们伤害过的人，任凭对方处置，并对自己的行为及其后果负责，能有效缓解对方的脆弱感和不安全感。我们先前做出的伤害对方的行为，就像是抽出了他身下的“情绪毯子”。我们的行为辜负了对方的信任，而信任是人际关系的基石。通过让对方掌控你的命运和你们的关系，你帮助对方重新建立了一种安全感，并在某种程度上把你夺走的力量还给了对方。

我们可以用这句话作为开场白：“我知道我做错了。你完全有理由生我的气。我愿意接受我的所作所为带来的全部后果。”我们必须先用语言表示我们做好了让出掌控权、话语权的准备，否则对方可能会进一步严厉指责我们，用他的方式来处理事情。

第五阶段：弥补错误

如果做了那件对不起对方的事后得到了什么好处——无论是金钱还是别的东西，那么我们必须归还这些不属于自己的东西，这样才能纠正我们的错误。如果不该拿的东西已经没法归还了，那么我们可以用别的东西替代它，必须尽一切努力尽快这样做。如果可行的话，让对方知道我们的弥补计划和事情的进展。记住：即使对方仍然不愿和我们说话，我们也要继续这样做，这点很重要。

不管双方的关系怎么样，在尽力弥补对方、努力修复双方的关系后，我们可以向对方证明，我们这样的人，是他不想失去的，即使我们没有达到自己的目的（修复人际关系）。这里需要强调的一点是，无论是否能得到某种有形的回报，我们都有义务去处理导致我们做出伤害对方的行为的性格缺陷或情感问题。只有这样，才能证明我们现在是什么样的人，或者说，我们正在努力成为什么样的人——一个完全不同的人，一个不会再做出这种令人憎恶的行为的人。

第六阶段：无痛的行动计划

让对方知道，他对事情的走向有完全的控制权，他控制着前方的每一步。你可以向对方提出一个行动计划，这个计划能够帮助你循序渐进地修复你们的关系。同时，这个计划还能确保对方可以随时选择继续、终止或改变计划。

没能奏效？没关系！

你在开车时曾目睹过重大交通事故吗？你是否察觉到，当时你车里的乘客突然对彼此更和善了？突然间，车旦开始弥漫一种安静而友好的氛围。你去医院看望过朋友吗？当你走出医院的那一刻，你环顾四周，看到的世界是否似乎和以往不太一样了？你可能会百感交集——感到解脱、悲伤而又乐观。这种经历让你的视角发生了转变，你会为活着感到快乐，对你所拥有的一切心存感激，并更愿意去宽恕别人，为别人付出。

事实上，相关研究已经证实，在花时间思索一番自己终将死去这个问题之后，大多数人会变得更慷慨，也更愿意宽恕别人。[5]因此，你要抓住这样的机会，与那些你没有公正对待的人讲和。不一定非得是什么悲伤的场合才能奏效。任何人生中的重大事件——无论是出生还是死亡，结婚还是离婚，都将给人带来全新的视角。在生命中这些重要的时刻，我们的价值观和优先考虑的事项会得到重新调整，这就为打开沟通的大门提供了机会。任何行动——一个电话、一张卡片、一件礼物或其他任何东西，都能给你一个沟通的好机会，并为解决问题铺平道路。

随着时间的推移，尽管我们多次试图与对方和解，却仍然遭受巨大的阻力，我们可能就需要放弃了。任何人际关系的质量都是由最不需要这种关系的一方决定的，而不是由最想维系这种关系的一方决定的。但是，有的人不想原谅别人，而有的人对任何一种人际关系都不感兴趣，这两种人还是有区别的。如果对方不想和解，那么我们最好顺其自然。然而，如果对方是因为受到的伤害太深而依然无法释怀，那么我们也许应该在几个月或一年后再想办法，根据后来发生的一些事情试着和对方和解。因为在这种情况下，阻碍和解的是对方仍然感受到的痛苦，而不是对方不想和解。如果仍然遭受阻力，那么请记住，我们只能放弃我们所拥有的。如果想得到别人原谅，我们就需要原谅别人。如果我们对别人施加于我们的一些事心怀怨恨，就无法对受到我们伤害的人表现出一片赤诚。如果能够化解内心的怒气——无论是对自己还是对他人，我们就将在目前的形势下找到一条更平坦顺利的和平之路。

第五章

如何活得通透

15

和命运约会

尽管不应该一天到晚想着自己早晚会死去，但能让我们理智、诚实地生活的唯一方法，就是承认，总有一天，太阳一如既往地升起，然后落下，但这个世界再也没有你和我。如果你发现这令人沮丧，不让人兴奋，那么你并不孤单。事实上，绝大多数人都是这样的感觉。

作为一种积极的激励因素，不断逼近的死亡威胁对那些没有自己生活的人并没有任何作用。想到自己终将一死并不会让他们打起精神活下去。相反，他们会迎接自己最后的退场，因为这样他们就可以永久地逃避下去了。哈佛大学教授、预防医学和研究所所长迪安·奥尼什博士写道：

人们起初想要改变自己的生活方式，是因为他们感受到了痛苦。但让这种改变得以继续的，并不是对死亡的恐惧，而是生活赋予他们的乐趣……自我毁灭式行为的根源，往往是孤独、抑郁和孤立。当代美国的头号流行病不是肥胖症或心脏病，而是抑郁症。去年全美用得最多的处方药是抗抑郁药。我们假定的前提是，所有人都希望自己能够更加长寿。但如果有的人感到沮丧、紧张或不快乐，那么就算告诉他们只需戒烟和调整饮食就能多活上好几年，也没有多大的激励作用。

有的人试图自杀是因为他们自己想死。因此，如果告诉他们，他们的行为将加速他们的死亡，就会刺激他们继续进行自我毁灭的行为。当死亡不再具有威慑作用时，就不再能阻止人们做出那些自我毁灭式的行为，相反，它只会使人们产生对生命傲慢的态度并轻视生命。

自我控制的关键

充实的一生能够赋予死亡以意义，作为交换，死亡也赋予生命新的意义。因此，只有当我们欣赏生命本身——特别是欣赏我们自己的生命时，思考死亡才会发挥出其积极作用。否则，我们的精神状态并不会发生真正的转变。我们只是沿着光谱滑到了另一片灰色的阴影中而已。商家在优惠券上标注截止日期，目的是催促人们尽快购买他们的商品。但如果人们对商品本身不感兴趣，优惠券是否到期就毫无影响了。

如果人生有目标，我们就能从更广阔的视角看待生与死。这是至关重要的，因为我们培养和发挥自我控制能力的关键因素，在于控制恐惧。恐惧管理理论解释，人们通常会通过以下两种方式来处理对死亡的恐惧和由此产生的焦虑：在人们活得充实、充满活力时，往往会欣然接受那些能给我们生活带来意义的价值观和信仰。这就是著名的“死亡凸显假说”，它能促使我们进行自我调节。而另一种可能性是，如果已经踏上了逃避现实的道路，那么我们会通过进一步沉溺于从巧克力到奢侈假期的所有事物来平息我们的恐惧。这就是所谓的“焦虑缓冲假说”。因此，有关灾难和死亡的新闻报道，能使逃避现实者对诸如豪华轿车和名牌服装等高档商品的广告做出更积极的反应。[1]

不断缩小的新世界使我们更容易遭受情感困扰。因为恐惧管理的范围已经不再局限于我们自己的生活和经历了。由于技术时代的到来，大脑必须处理大量的灾难和不幸事件，这些都被大脑记录了下来，并被当成具体、明确、迫在眉睫的危险来处理。在人类祖先生活的时代，甚至在20世纪的绝大部分时间里，当人们听到这些不幸的消息时，它们早已不是什么新闻了。人类祖先的感官并没有源源不断地受到各种记录灾难的照片和视频的冲击。要知道，那些自然或人为的灾难，都发生在过去20分钟之内。在客厅、卧室甚至汽车上目睹的各种灾难和不幸事件——这些由科技带给我们的恐惧，很容易把我们搞得不堪重负。当意识到身边发生了无数灾难和不幸时，大脑就会做出和我们亲身经历这些事件时同样的反应。

事实上，每350万不吸烟的人中就有1人的干咳症状被证实是肺癌的前兆，这让我们恐慌不已。因为我们“认识的不少人”都被诊断出患有这种疾病。我们对这些统计数据感到厌烦，转而选择了恐惧，因为我们认识很多这样的人：有的人说自己胃痛，后来才发现那是胃部肿瘤引起的；有的人在光天化日之下遭到了歹徒的袭击；有的人被蚊子叮咬了一下就不幸瘫痪了。不可预测、不可避免的恐惧无休无止地袭来，似乎在每一个转折点等待着我们。因此，可以预料的是，神经质已成为新时代的一种常态。

证据

后果不言自明。据预计，有67%的美国人超重或肥胖。而超重的后果是，死于心血管疾病、癌症和糖尿病的美国人几乎占全美死亡人数的2/3。而抗抑郁药、抗焦虑药和促进情绪稳定的药物销量则创下了最高纪录。现在，约有1/4的美国人患有精神疾病。（如今美国人患抑郁症的概率，是20世纪60年代的10

倍，即使人们对抑郁症的认识和诊断水平都有了进一步提高。）

同时，人们应对身体疼痛的机制也受到了类似损害。在美国，从 2003 年到 2011 年，处方止痛药的销量增长了 90%。根据《新英格兰医学杂志》提供的数据，1.16 亿美国人正遭受持续性疼痛的折磨，这一比例达全美总人口的 1/3，令人震惊。我们越来越不能容忍现实，更不用说忍耐任何形式的痛苦了。

这足以说明，了解我们生活的真正目的是多么重要。唯有确定了伴随成长的明确目标，我们才能免受精神错乱的冲击。否则，精神错乱会动摇我们的情感基础，迫使我们逃离现实。生活充斥着各种对世界本质的生动提醒。随着观察力变得敏锐，我们会发现，很多事情似乎都无关紧要——至少在目前是无关紧要的。而我们的灵魂想依附于真正的现实，因为在那里我们能找到永恒和意义。

然而，如果我们的生活没有目标，我们就没有了信任之锚。如果没有这种无须言明的保证，我们就会产生“尽情吃喝玩乐吧，因为说不定明天我们就死了”的心态。而控制愤怒的唯一关键点，导致情感脆弱的基本触发点，在于如何管理恐惧情绪。

16

让自己出类拔萃

所罗门王在《传道书》中告诉人们，所有痛苦都来自试图让转瞬即逝的东西成为永恒的存在。我们的灵魂试图通过给予——“投资”一种永远属于我们的商品来寻求永恒。我们的灵魂认识到，我们永远保留着自己的本色，而这最终是由我们给予的东西塑造的，而不是由索取的东西塑造的。我们的灵魂盼望能够长存不朽，它的一种反常表现就是“自我”通过获取来寻求永恒。“自我”试图通过影响力、权力和控制力寻求永恒，而灵魂则渴望真正的独立、自由——超越“小我”的自由来达到自我展现的顶点。

“自我”喜欢具有创造性的行为，目的是在这个世界上留下自己的印记。因此，我们不合逻辑地疯狂追求着不朽的功业、各种奖项，以及任何经得起时间考验的东西。（要知道，这是不合逻辑的，因为即使一个人拒绝承认在这个世界之外还有另外一个世界，他也渴望日后能有人记得他。但是，这是为什么呢？如果他只存在于这个物质世界，为什么要在意未来的人们是否知道他的成就呢？这对他有什么好处呢？根据他的逻辑，这没有任何好处。但他的灵魂并不是这样认为的。）我们的“自我”渴望与众不同，极端渴望自己能独树一帜，即使这让我们痛苦万分。其并不关心自己的目标是通过有益的方式还是有害的方式实现的，其只是想引起一番轰动。

具有讽刺意味的是，“自我”的疯狂追逐只给我们留下了一种同质化的、混合的存在，这会泯灭我们的独特性。当我们徒劳地试图与众不同，却走上了一条具有破坏性的道路时，我们最终会成为所有以自我为中心的人的翻版，沦为一种机械化的存在，湮灭了个性。当被“自我”主宰时，我们的生活其实被编程了，而我们自己就是那个编程的程序员。

一个人忙于塑造自己的形象，或屈服于某些欲望和冲动时，他就永远无法超越那种保守的生活。他没有创造任何东西——当然更没有创造他自己。当我们独立时，我们是自己的创造物和创造本身的伙伴，我们充分行使着自由意志。创造的欲望在我们内心深处燃烧着。我们从充满创意的想法和行动中获得强烈的、无与伦比的满足感，它们吸引了我们的注意力，释放了我们的个性。一个孩子能从画画中得到巨大的乐趣。创造让人们能够变得与众不同、表达自我。

你为何而活

在自然界中，一成不变是不存在的。根据能量守恒定律，任何生物体如果不再生长，就会走向死亡。世间的每个人都是独一无二的——从他的指纹到他的脸，再到他的DNA，都是与众不同的。与此类似，我们每个人生来都有一个特定的、独一无二的目的。为了获得最高层次的满足，我们必须朝着灵魂渴望得到的东西前进。马斯洛将其解释为自我超越，即超越自我。但我们常常把自己的选择局限在一个小小的空间里，并没有充分认识超出我们舒适区域的无限可能性。“自我”引导我们相信，我们被困在了自己的圈子里，无法超越自己的处境，或者只能慢慢地移动一点点。缺乏灵感实际上就是对我们认为可以移动的方向、可以达到的速度、可以实现的距离缺乏一种热情。

为了让自己重新充满活力，我们需要拓展思维。说“我讨厌我的生活”，并不能让我们大踏步前进。这甚至都不是一个问题，而只是一个让我们更加满足于现状的陈述。我们必须敞开心扉，面对各种可能性，问问自己：“我想从生活中得到什么？”下面的几个问题，能将“自我”从等式中排除，并帮助我们进一步理清思路。当你问自己这些问题时，不妨想想：什么样的答案能匹配其中的大多数问题，甚至能匹配所有问题？

（1）如果你知道自己不会失败，你会做什么？

（2）如果你自己身上的所有问题都不存在了，你会做什么？

（3）如果你手头有足够的钱，你会做什么？

（4）如果没人知道你在做什么 / 所有人都知道你在做什么，你会做什么？

检查你的动机。我们为什么想要这些东西呢？对此我们必须诚实一些。很多人感到痛苦，因为他们设定的人生目标是建立在别人的期望之上的。他们有充分的理由去做他们所做的事情，但唯独少了一个理由——他们认为，这件事对自己的成长很重要，也对创造一个他们真正想要的未来很重要。

我们的目标一致吗？

以一种与我们的核心价值观，以及和灵魂迸发的激情相矛盾的方式生活，会让我们精疲力竭，因为它在我们内心制造了分裂。没有一个理智的父母会考虑卖掉自己的孩子——无论对方给多少钱。但就是这些死也不卖孩子的父母，可能很少花时间陪伴他们的孩子。如果把 X 视为最重要的事物，我们却把时间、精力和努力花在目标 Y 上，那么这势必会引发一场内心的激烈冲突。同样重要的是，我们的各项目标不仅要符合我们的价值观，还应彼此相容。著名精神分析学家卡伦·霍尼写道：

> 必须确保我们的目标是协同一致的——带着尚未解决的冲突生存，是对人类精力的毁灭性浪费。这不仅是冲突本身引起的，也是所有试图消除冲突的各种不够光明正大的努力所造成的。当一个人基本上处于分裂状态时，他永远无法全身心地投入任何事情，而总是想要追求两个或两个以上不相容的目标。这意味着他要么分散精力，要么积极地阻挠他的努力……不管他有多少潜在的天赋，他的努力都将付之东流……精力分散也会导致他无意识地反抗、坚持完美、健忘、过度工作等，神经惰性意味着主动性和行动能力的瘫痪。[1]

其他研究也得出了同样的结论，并揭示：那些自己的目标存在内部冲突的人，其担心的事更多，完成的事更少。此外，他们的“积极情绪较少，消极情绪较多，更容易抑郁和焦虑……这些怀有彼此冲突的目标的人，罹患身体疾病的概率也会更高。他们的目标越是相互冲突，他们就陷得越深，变得越不快乐、不健康”。[2]

我们现在是什么样的人？我们想要成为什么样的人？两者的差距带来了不稳定和不安宁——而这正是滋生愤怒的土壤。其中涉及三个相互关联的原因：第一，我们是否能够负责地生活和履行义务——是否能与我们的灵魂而不是“自我”保持一致，这决定了我们会形成什么样的视角，也决定了我们的整个世界观，因为“自我”基于我们的局限性，会形成错误或不健康的信念和价值观来保护我们。第二，当自尊心较强时，我们会主动完善人际关系，积极进行人际互动。我们不会感情用事，能轻松地原谅别人，向别人道歉。我们能看到别人的观点。我们不容易生气、发火或觉得自己受到了冒犯，也不太会随便嫉妒别人。我们能够产生同理心，看到他人的优点，并做出善意的判断。当然，我们也不需要去证明自己永远是对的。第三，我们对自己和自己的生活越感到沮丧，就越容易对别人不满。事实上，那些一事无成的人，似乎往往正是在遇到交通堵塞时表现得最不耐烦的人。

17

避开“拖延”陷阱

真实的生活，也就是和我们的价值观具有一致目标的生活，能让我们克服一个最大的障碍：拖延。这一障碍将阻碍我们过上充满意义的美好生活。来看看具体是怎么回事。

散乱的、迷失方向的雄心壮志，就和不采取行动本身一样，让人无精打采。没有计划的行动是毫无用处的，我们需要确立一个明确的目标，以及实现这个目标的具体方式。我们不能向那个在谷仓旁边射了一箭，然后在箭周围画一个圈作为靶子的人学习。他并不在乎自己的目标是什么，却自豪地想让自己和世界相信他已经成功了。许多人确实不愿意好好规划自己的生活。他们想要取得什么样的成就呢？对此他们可能仅有一个模糊的概念，但他们不愿为自己的未来做准备。这涉及两个相互交织的原因。

规划未来具体包括哪些内容？在最基本的层面上，我们必须承认我们目前所处的位置，然后决定要去哪里。这个过程的前半部分和后半部分都存在挑战。是的，未来充满了各种未知因素和不确定性，但深藏在我们内心深处的恐惧是，我们不想知道自己目前在哪儿。我们不敢过于仔细地审视自己的生活，不敢直面自己的过去，不敢去想我们美好的心愿是否都落了空。懒洋洋地不愿为未来设定目标和制订计划，减轻了我们进行自我反省的负担。然而，另一种更深层次的限制仍然存在。

为了继续向前开拓，我们需要权衡人生的各种可能性和方向，要做到这一点，就必须搞清楚，我们活着是为了什么。换句话说，我们必须有所担当。然而，我们宁愿迷失在白日梦的宏伟蓝图中，也不愿被迫做出重要的人生选择，而这样的选择将决定我们会成为什么样的人。有趣的是，英语单词“决定”（decide）和“杀人”（homicide）有着相同的词根——拉丁语单词“cadre”，意思是“砍倒”或“杀死”。我们半信半疑地认为，如果不做选择，就不会生活在失败或遗憾中。功能性磁共振成像实验显示，如果我们在不确定的情况下做出决定，那么这种行为会刺激杏仁核——人体的“恐惧和焦虑反应中心”。我们的大脑害怕犯错[1]，因此，我们不主动采取行动，将人生往前推进，而是放任自己面对各种可能。我们错误地抱着希望，期待完美的机会自己出现在我们面前。不要认为聪明才智或天赋能保护我们，让我们免于犯下拖延的罪行。恰恰相反，事实上，聪明的人总能找到各种各样的理由，为自己的各种行为进行辩护。

我们总是想要保留选择余地，这是人类的本性。当“自我”膨胀得越来越大，其就会放大对承诺的恐惧——我们不能失败，不能犯错，不能感到自己受到了限制。当我们想要逃避时，“自我”总会替我们找到办法。然而，“自我”是出于恐惧才搭建这扇后门的。这种优柔寡断并没有解放我们，相反，它让我们陷入困境，使我们沦为一个害怕生活的人。在想明白自己想从生活中得到什么，并准备为之付出努力之前，我们注定一事无成、一无所获。如果不承认这一真理，就永远走不远。

解药：真正的自我

人们往往会把在公众面前演讲列为他们头号恐惧的事情，连死亡都被排在第二位。其实，如果我们想要消除当众演讲带来的紧张感，只需将注意力集中在听众以及他们的需求上就行了。如果想的不是自己，就不会感到不自然。当发言人想的是别人时，他就从索取变成了给予。如果没有“自我”介入，我们就不会产生焦虑感。如果演讲者全神贯注于他会给听众留下什么样的印象——“他们会喜欢我吗？我会出丑吗？”他就会情不自禁地紧张起来。在生活中，我们希望展现的形象和真实的自我之间的差异越大，我们就越感到恐惧。

正如之前讨论过的，真实的生活能让虚假的身份消失，因为虚假身份存在的唯一目的就是让你看不到自己。在真实的生活中，我们的恐惧消散了。我们追求自己想要的一切，而不受自我怀疑的束缚。因为当事情本身不再关乎自身时，我们就可以充分发挥自己的才能来完成愿望。当“自我”不存在时，我们就能超越任何恐惧，而没有恐惧，就不会拖延。不要让对完美的非理性追求成为拖延的借口，以及持续生成的愤怒和挫折感的源泉。为此，你必须面对真实的自己，只有这样你才能勇敢地追求自己想要的一切。

用爱默生的话说：“在一个不断试图把你变成另一个人的世界里做你自己，这是最大的收获。”当目标被“自我”玷污时，我们会谨慎行事，并让自己相信我们的做法很聪明。但这样一来，我们就不是在真正地生活，而是在逃避自己。只有一件事值得担心，那就是无法充分利用我们的天赋。只有当潜能没有发挥出来时，我们才应该感到耻辱。

第六章

找回自己，重新划定界限

18

和越界之人划清界限

如果你想远离愤怒，那么你必须知道你是谁，做你自己，支持你自己。所以，我们又回到了人际关系的话题。说到释放本性，没有比人际关系更能考验我们的了。虽然可以在宁静和孤独中培养性格，但衡量一个人是否高尚、是否成熟的真正标准是人际关系。

因此，如果你认为我们人生中所有难以相处的人都消失了，我们就会更有效率、更快乐、更成功，那么这绝对是一种傲慢的想法。我们为这些情感吸血鬼感到惋惜，认为他们榨干了我们的生命之血，耗尽了我们的时间、金钱和精力。但这些关系实际上为我们充分发挥潜能提供了必要的土壤。然而，撇开个人因素不谈，你必须提醒自己，心理健康与人际关系的质量之间有着不可分割的联系。正如前面所提到的，自尊心低的人很难维持健康的人际关系。然而，同样引人注目的一点是，即使心理健康的人也必须小心处理人际关系，因为自尊心低的人会损害我们的情绪健康，就算我们尽了最大的努力来改善也无济于事。如果我们能学会处理这些关系，就能在很大程度上保持理智、保持冷静。

篱笆筑得牢，邻居处得好

由于人际关系的质量和我们的心理健康是相辅相成的，因此，保持界限不仅是一个好主意，也是幸福人生不可或缺的。糟糕的界限不仅会导致人际关系破裂，也会导致我们自己崩溃。只有在明确适当的界限之后，我们才能让其他人（他们的心理也许不太健康）来界定我们以及这段关系。

一个糟糕的自我形象往往会带来漏洞不断的边界。因为，如果一个人对自己没有清晰的认识，他就无法把握自己和他人之间的界限，这会以多种形式表现出来。比如，一个长期生活在贫困中的人习惯于请求别人将他从危机中拯救出来，尽管那些危机都是他自己造成的；又如，一个控制欲强、咄咄逼人的人，往往习惯用傲慢无礼和虚张声势来隐藏自己的不安全感。保持界限并不是为了将人们拒之门外，而是为了界定我们的空间和个人责任感。

如果你认识的某个人患了心理疾病，那么你必须明白：你不能把治愈他，甚至教育他当成你毕生的事业，因为这很可能根本不在你的能力范围之内。相反，你应该想办法发掘你们二人人际关系的潜力。当然，如果有人能接受建设性的批评，那么你可以帮助他，让他看到自己行为的种种后果，但这样做的前提是，你觉得自己有可能会成功。

一旦接受了他的现实状况和他个人的局限性，你就会发现，你变得更容易接受这个人，也更容易让他进入你的世界了。尽管如此，两个人有联系或有接触，并不一定意味着他们关系亲密，至少不意味着他们有传统意义上的那种健康、亲密的人际关系。真正的人际关系指的是双方相互给予、相互索取的关系。然而，如果一个人无法为我们付出，那么我们对他的期望必然会超过他能力的极限，我们因此会常常感到沮丧。

除直系亲属外，如果我们重新界定双方之间的关系，并认为这种关系是出自善意的，我们就不会期望对方回报我们，或根据正常关系的定义履行他的义务。心态在很大程度上取决于期望。我们准备如何进行互动，在很大程度上影响着我们对一个人的态度。需要再次明确，这一指导原则是至关重要的。当涉及直系亲属时，不能简单地通过重新定义这种关系和把这种关系说成是别的，来逃避自己应尽的义务。虽然不能让心理不健康的人负责划定界限，但为了自己的情绪健康，我们必须尽一切努力维持最佳的人际关系。

未来的关系走向

在某些情况下，我们必须说："不要得寸进尺。"然而，不应该认为，把难相处的人从人生中剔除才是更好的解决方案。我们很少需要这样做。只有当对他人的残忍做出类似的反应时，我们才会依赖别人，并且感到痛苦。回想一下我们的"主旋律"：我们必须通过摒弃"自我"，来负责任地采取行动并积极进行互动，如果出于愤怒而行动，就会受到情感的折磨。我们无法回避这个问题。罪恶感和羞耻感会渗透进来，"自我"会试图强化我们的反应；与此同时，我们的自尊心和心理健康会慢慢受到影响。

在生活中，当与某一位直系亲属不和或疏远时，我们常常会感到自己不完整了。然而，如果我们已经为了拥有最健康的人际关系而抓住了一切机会，尽了一切努力，做了一切该做的事，但双方的关系仍然不够和睦，那么，即使我们可能因破裂的感情而伤心难受，但在情感上、精神上，我们仍然是完整的，并没有受到内疚、羞愧或怨恨的折磨。但这绝不意味着我们应该成为一个受气包，用热面孔去贴他人的冷屁股，忍受那些让人无法忍受的人。否定"自我"意味着展现真实的自我，让真实的自我驾驭我们的人际关系，并以承担责任和负责任为唯一目标。至于这样做会让我们和对方的关系变得更亲密还是更疏远，这其实并不重要。重要的是我们必须做出负责任的行为，愿意做一些合理的事情来培养健康的人际关系，无论结果如何，这最终将使我们拥有和睦的人际关系，并让我们保持完整。此外，每一次我们为了和睦友好而超越自己的本性时，我们就让自己变得更完整了。因为所有给予别人，向别人付出的行为，都能使我们的情感恢复活力，并增强我们的自信心。

真正的和睦

真正的和睦并不意味着彼此没有差异，和睦是每一个个体的独特表达所汇成的交响曲。强行抹去我们的个人特征并不会带来和睦，只会带来问题。当屈服于自己时，我们可能会更容易同意别人的行为。不可避免的是，我们会因此心生怨恨和嫌隙，从而让双方的感情受到影响。

追求和睦的人际关系,并不意味着容许对方侵入我们的领地。有时，正确的做法并不是保持沉默，而是大声说出来，为自己，为做正确的事勇敢地站出来。我们有义务坚持真理，有时这种坚持将取代短暂的和平。当常识告诉我们，应该让别人听到我们的声音，让别人了解我们的立场时，我们不能一味地容忍、顺从别人，哪怕这样做会导致不合与摩擦。“不符合真理的真正和平”是一种矛盾修辞，它是不存在的。那些不顾一切掩盖真相，或由于怯懦而不惜牺牲真理的人，将同时失去真理与和平，并且他们的内心将充满愤怒与怨恨。

19

怎样和固执的人交流

“但是他很聪明！很成功！很有才华！”这些都无关紧要。我们不能把人的智力水平和情绪健康混为一谈。正如第 5 节所谈到的，在任何一种特定的情况下，聪明的人都有可能做出糟糕的决定，而不那么聪明的人也许反而会做出更明智、更深思熟虑的决定。决定行动方向的是我们的自尊心，而不是智力。一个聪明的人有潜力做出更好的选择，但他做出选择的动机和能力是由他的心理或情绪健康水平决定的。

一个以自我为中心的人，往往会为自己的直觉感到自豪，因为他经常无视逻辑（尽管他会自相矛盾地认为自己是一个聪明人）。他会说，“你要跟着感觉走”，或者，“无论如何，都要相信你的直觉”。而当事实总是与他的立场冲突时，我们可能很想问这个问题：“他怎么会如此愚蠢？”在问出这个问题时，我们其实是在寻找一个不存在的理由背后的逻辑，在一个不存在理性的心理世界中寻找理性。我们不该因为别人没有理性而感到沮丧，甚至做得比他更不理性。对方无法控制自己，但我们有头脑、明事理，我们可以选择结束这种无益的行为。

我们最好放弃这样的信念，即我们只要用一句精心组织的话就能让对方认识到他是错的，而我们实际上是对的。我们常常认为，只要我们提出一个理性的论点，并清楚地、合乎逻辑地解释事实，对方就一定会得出正确的结论，然后以我们的方式（正确的方式）来看待问题。有一种情况与此类似：当一个人在和不懂自己所说的语言的人交谈时，他会有意识地放慢说话速度，大声且清晰地发出每一个单词，并且配上一些生动形象的表情和动作。其实在某种程度上，他很清楚他说的话对方一个字也听不懂，但他的那个“情感性自我”不能理解为什么会这样，因为那些语词对他来说太简单、太清楚了。

我们和这样的人打交道时，需要尽可能地唤起他的同理心。这样的人与真实的自我隔绝，并与他人隔绝，承受着强烈的孤独，无论身边有多少人他仍会如此。正如我们在第 3 节中所解释的，无法与他人正常交往，这是极其痛苦的，也让他倍感孤独。而且，尽管我们可能在心里已经那样认定，但这个人在早上醒来的时候可能真的没有在想：“我要怎么样才能惨兮兮地度过今天呢?”受到伤害的人，也会去伤害别人。这不是因为他们本性不好，而是因为他们正在遭受痛苦和折磨。尽管我们会对自己的行为负责，但我们不能假定其他人的行为也完全受到其意识的支配（或者，如果他的行为是有意识的，我们就更有理由同情他了，因为这个人的心理状态显然已经很不健康了）。

如何应对越界之人

和别人保持距离并不是一种自私的行为，而是一种负责任的行为。我们需要建立健康的界限，从而使双方的人际关系有一个良好的发展机会，甚至是一个长期良好的发展机会。除此之外，我们的努力也能让对方更有自知之明，防止给对方留下心理上的伤害。为什么呢？因为每当他利用我们的时候，他都会受到一种情感上的伤害，并且这一堕落的思维过程会得到强化，而对双方关系的影响就更不用说了。

如果你和他之间的界限不甚明确，他会毫不内疚地拿走不属于他的东西——你的时间、精力和注意力，就像小偷偷走你的钱物一样。需要记住，光说不做是远远不够的。我们会一次又一次地发现，仅仅告诉对方“请你不要越界”是徒劳的，这同样适用于物理边界。如果不希望别人闯入敏感区域——比如私人建筑，那么我们会竖起栅栏并安装警报器，甚至可能提醒那些试图行窃的家伙，非法侵入是一种会受到惩罚的行为，并说明对方具体会受到什么样的惩罚。然而，我们并不会张贴“请勿偷盗”的告示，因为那些心中有边界感的人不需要这样的告示，而那些心中没有边界感的人不会理睬这样的告示。

当我们与心理不健康的人划清界限时，告诉他们该做什么未必有用。相反，我们必须告诉他们，如果他们越了界，我们将做出什么样的回应。当然，在表达我们的意思时，不必凶巴巴或者丝毫不留情面。我们可以和和气气地向对方解释我们的界限是什么样的。如果对方做出不可接受的行为，侵犯了我们的界限，那么他需要承担什么样的后果。

划清界限、坚持自己的立场

如果我们缺乏自信，我们就会尽量避免与人对峙，因为害怕自己遭到拒绝或被人抛弃。但是我们不能逃避责任，因为别人可能会生我们的气。如果我们没有按照他的意愿行事（事实上，那是不负责任的），他可能就会有不理智的举动（并且勃然大怒）。然而，我们不能以屈服于他的要求（采取不负责任的行为）来阻止他做出不负责任的事。你意识到这有多荒谬了吗？对我们来说，仅仅因为有人会生我们的气就做出不负责任的事，这简直太愚蠢了，而且毫无意义。我们不能任由对方强迫我们做错事。如果仅仅因为我们做出了正确的选择，对方就有不理智的反应，我们应该妥协吗？如果我们为了避免让对方生气而妥协的话，那么我们不仅做出了不负责任的事，还会生自己的气，并且生对方的气。

如果我们更深入地探索人的心理机制，就会发现，真正困扰我们的是我们会被困扰这件事本身。真正让我们恼火的也是我们会感到恼火这件事本身。如果怒气冲冲或疏忽大意，我们就会产生一种依赖心理，认为是别人“导致”我们以一种并非自己选择的方式做出回应的。总的来说，不愉快的环境以及难以相处的人会促使我们做出非理性的反应。不管我们的情绪多么消极，平静地做出回应就是心理健康的表现。不管对方向我们提出什么要求，我们要么就愉快地回答“好的”，要么就心平气和、毫无歉意地回答“不行”。由于恐惧或内疚而屈服于别人并不能增强我们的自信心。相反，屈服于别人会削弱我们的自信心。在这种情况下，并不是你在向别人付出，而是对方在向你索取。

也许你已经从自己的生活经历中体会到，当有人试图利用你的歉意让你去做某件事时，如果你能坚持自己的立场，直接拒绝别人，你就会感觉更好。同样，当你答应了一个你认为自己应该答应的要求时，你也会觉得自己大权在握，充满了力量，即便你当时心情不佳，不太想答应那个要求。最重要的是，无论你说什么或做什么，如果你相对强势，你就能选择自己的行动路线，你就会拥有强烈的自尊心。

20

现在就说，否则永远有分歧

在学习如何表达自己的意见时，深入分析我们惯常采用的方式方法是很有用的。人们应对冲突的方式有以下五种：接受冲突、逃避冲突、投降、压制怒气、不闻不问。

接受冲突是最健康的回应方式。当事人看到并接受了真实的情况，他并没有为此生气，也没有让自己的情绪左右自己的反应。他理性而客观地权衡各种选择，然后动用必要的情感力量强化自己的决定。逃避冲突是被动攻击型人格的典型特征。具有这种人格的人选择逃避是为了避免对抗。被动攻击型的人缺乏直面现实的信心和勇气，所以他会在当时妥协，但又会在事后换一种方式报复对方。他可能会通过故意迟到、“忘记”为对方做什么重要的事情，或给对方带来不便等方式实施反击或报复。

对冲突投降的人选择了放弃或屈服。这种表现往往反映出依赖别人，甘愿做受气包或逆来顺受的人格特征。他觉得不值得为自己出头，觉得自己的计划、需求和愿望无法实现。如果他并没有意识到这些，他就会压制自己的怒气。他意识不到其实愤怒正在吞噬他的内心。事实上，他可能会向自己及他人宣称，自己是一个非常冷静、随和的人，随遇而安，不会轻易生气（他的怒气会表现为各种生理和情感问题）。这类人与被动攻击者的区别在于，后者认为自己没有权利坚持自己的权利或意见，而前者认为自己有权利那样做，但不能直接那样做。压制怒气有可能出现的反应是与对方抗争，这将导致直接的、不健康的冲突。当事人当时情绪激动、怒气冲天，在不够冷静、缺乏理智的情况下，他选择了和对方对抗。最后一种可能是，如果当事人的情感很脆弱，而事态很严重，那么他可能会选择不闻不问、封闭自己，以避免痛苦。

表达自己的想法

无论我们如何处理怒气——是将怒气消极地宣泄出来，还是公开地表达出来；是忍气吞声，还是怒火中烧，我们都必须学会表达自己的想法，让对方听进我们的话，让我们所说的话能起到最佳的作用。正如之前提到的那样，在和人打交道时，我们应该表现得谦逊有礼、尊重对方。应该心平气和地表达我们的感受，而不是一味推卸责任，或者认定对方居心不良。最重要的是，我们必须说些什么！伤害人际关系的罪魁祸首就是怨恨。余怒未消就会积成一股怨气，一有机会，这股怨气就会再次冒头。如果我们正在为什么事感到郁闷，却无法用健康的方式处理它，那么是时候采取一些行动了。因为，如果在该说出来的时候没有说出来，那么我们反而可能会有不恰当的行为。

你知道如何坚持自己的主张吗？以下是一个基于前沿研究成果总结的实用小诀窍。并且，在下一节中，我们将学到另外一种策略，从根本上改变我们的自我概念，使我们变得更加自信，更易于坚持自己的主张。

哈佛大学的一项研究发现，身体语言和荷尔蒙释放有直接的关系。无论男性还是女性，睾丸激素水平越高，自信心就越强；而皮质醇（压力荷尔蒙）水平越低，焦虑感就越低，应对压力的能力就越强。只要保持一个强势的姿势（并且这个姿势是开放的、放松的）两分钟，人体内的激素水平就会发生剧烈变化：睾丸激素水平会上升20%，而皮质醇水平会下降25%。[1] 神奇女侠的那个姿势就是一个典型的强势姿势：双脚分开站立，双手叉腰，肩膀向后。只要保持这个姿势两分钟，效果立竿见影，因为你会在身体上做好准备，并更容易坚持自己的观点。每天练习几次这个姿势有助于提高我们的自信心。由于这项研究成果相对较新，与其结论不一致的一些研究对激素波动的程度提出了质疑。但有一点可以确定，大量研究结果一致证明，这样的姿态和姿势会对人的情绪产生直接影响，并立即导致一系列认知变化和行为变化。例如，在一次相关实验中，受试者被随机要求采取以下两种姿势中的一种：懒洋洋地瘫坐在座位上或笔直地坐着填写一份模拟的工作申请表。研究人员发现，在让受试者填写自我评价时，被要求采取后一种姿势填表的人，对自己做出了更高的评价。[2]

化解怨恨

你该如何表达自己的观点呢？有的方式正确，有的不正确。本书提出的方法，能为你的表达效果带来质的飞跃。正如我们知道的那样，有时我们会更加开放、大度一些；而有时，哪怕最轻微的批评意见也会让我们恨不得钻到地底下，或让我们想要为自己辩护一番。说什么？怎么说？在哪儿说？什么时候说？这一切都会影响别人理解我们所说的话。以下十个步骤有助于使我们以最优的、不以自我为中心的方式表达我们的观点和意见，让别人觉得舒服、顺耳。

如果我们知道自己的言辞会让对方产生戒备心理，并有可能惹他生气，那么下面这个好办法可以帮助我们表述观点。我们可以在表述自己的观点之前先这样说："我想和你商量一个重要的问题。但我担心，我把这个问题提出来，你会感到不高兴。"通常，你这么一说，对方一定会觉得很好奇。他会向你保证，无论你说什么，他都不会生气。信不信由你，这种保证很可能挺有效的，因为他的"自我"不希望自己因食言而显得愚蠢。

研究发现，心情不错的人更有可能去买彩票。[3]我们高兴的时候往往更加乐观，更愿意接受各种可能性。[4]试着不要让你想要表达自己想法的欲望，破坏了你使用恰当方式进行表达的能力。不妨等到双方心情都不错的时候再张口，因为这时，你们都更愿意向对方付出。当我们心情不好或受到某种限制的时候，我们往往只拥有索取的能力，很难从别人的角度出发去看问题。当你或对方感到饥饿、疲倦或者生气的时候，不要期望你们的谈话会取得什么成果，这不太可能，即便真的出现了好的结果，也是小概率事件。

"无我"沟通的十个步骤

（1）让对方知道你在乎他，否则对方不会在乎你知道些什么。

一定要让对方知道，你这么说是因为你在乎他，在乎你们之间的关系。正如一句古老的格言所说的那样："发自内心的话语，才能进入内心。"的确，只有真诚的表达，特别是提出批评意见，才有可能起到作用。如果你向对方传达了你的感受——你关心对方、在乎对方、在乎你们之间的关系，对方就会把你的话听进去。

（2）注意隐私。

注意，一定要在私下表达你的观点。即使你觉得对方不介意别人听到你的意见，也要关起门来再开口。

（3）总是以表扬开始。

先强调对方的各种优点和非凡潜力，做好必要的铺垫，让对方接下来能心平气和地听你陈述观点。当对方知道你真正尊重他、欣赏他，甚至尊敬他、敬畏他之后，他就会以一种摒弃"自我"的方式来听你的评论。例如，你可以这么说："你是公司效率最高的员工之一，我一直很看重你的工作能力。我只是在想……"

（4）对事不对人。

你的评论和批评应该针对对方的行为，而不是针对这个人。换句话说，你不该这样说："你太无能了，你不称职。"而这样说就会好得多："你这个人挺好的，但这一行为似乎不像是你这种有原则的人会做的。"

（5）将对方犯的错当作意外事件。

不要向对方假设或影射，这件事是对方明知故犯或有意为之的。如果条件允许，最好把对方犯下的错当成是他糊里糊涂，甚至是在无意识的情况下所做的事情来处理。

（6）患难与共。

如果可以的话，分担一些责任。这种做法足以表明，你和他在共同应对这件事，而不是你要对付他。你可以说“当时我应该说得更加具体一些”，这样说的效果显然比“我讨厌你所做的……”好得多。或者，在你想说“你没有权利……”或“因为你不够重视……”时，试着用“在你……的时候，我很难办”来代替。

（7）找出问题，并想办法解决。

即使对方不能完全理解我们说的话或我们的感受，我们仍应该表达自己的想法，因为这既能增强我们的力量，也能起到宣泄情绪的作用。但如果你表达想法的目的就是纠正对方的行为，那么你的目标应该是解决问题。如果这个问题没有答案，那么你从一开始就不应该提出来，因为提了也没有用。此外，如果你认为无论你说什么对方都不会采纳你的意见，那么你最好也不要提。因为即便你提了，也不过是满足自己的需求，对解决问题根本于事无补。

（8）人人都会犯错。

告诉对方，并不是只有他才会犯错，这样的批评往往最有成效。因为你传达了这样的信息：他犯的错是人人都会犯的（也许你自己也犯过），这就化解了你的批评对他的“自我”造成的冲击，而他也就不会认为你是在针对他了。一般而言，对方之所以会觉得自己受到了冒犯，是因为他认为你在针对他。如果我们向对方坦然承认自己的错误，那么对方看到我们的谦逊姿态后，他的“自我”就不会抬头了。相反，如果我们采用一种自以为是的态度，那么我们可能会强烈刺激对方的“自我”，令他的戒备心大大增强。

（9）语气柔和，不要带火药味。

批评对方时，尽量保持平静和愉快的口吻。所罗门王曾说：“智者的言语，用柔和的口吻说出，就必蒙悦纳。”如果双方越聊越聊不下去，谈话充满了火药味，那么往往是说话人的语气、语调出了问题，这时，谁对谁错可能就没有那么重要了。说话时语气柔和而有礼貌，会帮助对方准确理解你想表达的意思。人际关系专家约翰·戈特曼博士发现：在96%的情况下，假如双方交谈15分钟，你可以根据前3分钟的谈话质量来预测双方谈话的结果。如果一开始谈话就不顺利，那么这场谈话注定会以失败告终。其定律是：开始错就步步错。[5]

（10）远离现场就远离伤害。

在远离事发现场的地方，并在事件发生一段时间之后提出批评是最佳的。远离当时的情境并推迟批评的时间，比在当时当地马上批评对方的效果好得多。因为，假如你立即提出批评意见，就算你口头上安抚对方“这没什么大不了”，你也无法让对方感受到你是这样的态度。你应该等上几天再开口，那时，他的“自我”已不再如此执着于当时的情境，而他对批评也不再那么敏感了。越在接近事发情境时（包括时间和距离上的接近）提出批评，对方就越认同自己的行为，也就越想自卫。

有时，我们需要表达心中的不快，这有利于我们的情绪健康和身体健康。然而，明确表达我们的感受和释放一股无法控制的愤怒洪流是两回事。在经过客观分析，认为自己应该把心里话说出来的时候，我们的情绪健康和人际关系一般都能得到改善。然而，如果我们没有表现出诚意，没有做到言之有物（更不用说表现得冷静、沉着），我们的话就无法给双方的关系或我们自己带来积极影响。难相处的人之所以存在于我们的生活中，并不是为了增加我们的痛苦，而是为了帮助我们。我们需要认识到表达方式的重要性，否则这些难相处的人就会一而再，再而三地出现。简单地说，我们确实应该帮助别人，但也必须把握大局，并问自己一个重要的问题："我能从这个人身上学到什么？"如果我们仍然一心只想怪罪别人，并非以解决问题为导向，我们就看不到问题的症结所在，更找不到解决问题的办法。

注：你是否仍然不确定自己到底是不是一个心理健康、充满自信的人？第 24 节将向你展示如何从根本上改变你的思路，不仅让你学会控制愤怒，而且让积极自信成为你的第二天性。

21

和难相处的人搞好关系

我们的情感健康和人际关系的质量是相互关联的，因此，尽我们所能改善人际关系（哪怕是和那些我们讨厌的人搞好关系）对我们是有益的。正如我们所知，这并不是说，你必须把每个难以相处的人都纳入你的人生，而是说，当你与这样的人打交道时，你要试着摒弃“自我”。下面的原则描述了改变人际关系的基石，并加强你与他人的互动和沟通——无论你是否想要改善自己与朋友、家人、同事的关系。

尊重对方

艾瑞莎·富兰克林唱出了真相！人与人之间会出现性格冲突，往往是由于当事人觉得自己没有受到尊重。你可能在无意中没有给予对方足够的关注，或者他们误解了你说的话和你做的事。虽然一个自卑的人很容易认为对方不喜欢自己，但在某种程度上，所有人都有这样的倾向。我们不喜欢自己身上的某些缺点，然后就会认为，别人也鄙视这些缺点。我们相信（尽管是在无意识中），其他人一定看到了这些缺点，因此他们也讨厌我们。

如何让对方知道你尊重他？一个行之有效的办法是把你对他的感觉告诉第三人，比如你们共同的朋友，说说你为何真心实意地喜欢这个人、尊重这个人。你可以直接赞扬对方所做的事情，或者他们所代表的事物。一旦对方发现你欣赏他，敌意的屏障就会被打破。毕竟，面对一个不仅喜欢我们，而且尊重我们的人，我们很难不喜欢他。

你是否有过这样的经历：一个原本你不太喜欢的人对你大加赞赏，或者特意来向你征求意见？突然间，你发现自己不得不重新评估一下自己对他的感觉，你对对方的印象瞬间改变了。我们宁愿调整自己对别人的看法，也不愿相信他们欣赏我们是错的。这种形式的欣赏也被称为“互爱”。一旦别人告诉我们，他们对我们有同样的感觉，我们就会更喜欢他们。再进一步说，我们应该尽量避免做出不尊重对方的姿态或评论。特别是有人和你说话时，你一定要全神贯注地仔细聆听。听一半漏掉一半，或者更准确地说——爱理不理、忽视对方，显然不能让双方的感情升温。也许你曾经有过这样的经历：在某一次活动中，当你在和对方交谈时，你突然发现，虽然对方貌似在听你说话，但他的眼睛却在你身后的房间里扫来扫去。聆听，认真地聆听，代表你尊重对方。这看起来是件微不足道的小事，但恰恰是这件事暴露出你是否在乎对方的荣誉，并且这件事会在很大程度上影响两个人的关系。假设你正在和某人谈话时，对方的手机响了，但他并没有接起来。于是你问对方："你要接一下电话吗？"对方说："不用管它，我现在只想和你好好聊聊。"听到这样的回答，你一定会觉得心里很舒服吧？

让他们为你付出

我们似乎相信，让别人喜欢我们的方法，就是为他们做些事情。虽然这并没有错，但实际上，当人们为我们做事时，他们会更喜欢我们。这是由于：（1）当我们将时间、金钱、精力投入到任何事情上，或者投入到某一个人身上后，我们会更在乎对方，也会觉得自己与对方的联系更紧密了。（2）当我们允许他人对我们付出时，他们会更愉快，因为付出会让他们的控制感和独立感变得更强。

要想和别人打成一片，没有比让对方成为你人生的一部分，并向你付出更好的办法了。因此，当你认为某人可能有值得一听的想法时，不妨主动向他寻求建议和意见。

展现你人性化的一面

永远不要害怕向你身边的人敞开心扉。当你展现出自己脆弱的一面时，你和他人之间的那堵墙就会消失，对方就能体会到你的感受。然后，对方就会积极回应你的要求，就像回应他们自己的要求一样。为了让别人喜欢我们，我们往往会采取所谓的“自我强化”行为。这就是说，为了让对方喜欢我们，我们会不遗余力地告诉别人，并向别人展示我们多么有成就，我们是多么棒。然而，多项研究已清楚地表明，当你和一个没有安全感，感觉自己受到威胁的人打交道时，自嘲式行为才是最佳选择。这意味着，你提供的关于自己的信息未必是对你有利的正面信息，但你坦率的言语展现出了谦逊、诚实和信任——这三种品质有助于成功解决任何类型的性格冲突。

认识到物以类聚

人们普遍认为，人与人之间的差异越大，相互之间的吸引力就越大。但一些关于人类行为的研究表明，这其实并不正确。[1]我们也许会觉得对方很有趣，因为他和我们很不一样；但实际上，我们更喜欢与那些和我们比较相似，有共同兴趣的人交往。事实上，高相似度和共性才是人与人相互喜欢的基础。还有一个与此类似的法则，也被称为“战友定律”。一般来说，那些共同经历过足以改变人生轨迹的人生大事的人，更容易成为感情深厚的患难之交。比如，那些一起打过仗的士兵、一起在兄弟会中宣过誓的朋友——这些曾经共患难的朋友，通常会缔结牢不可破的情谊。

正因如此，两个素昧平生但有过相似经历的人（无论是得过同一种病，还是买彩票时都中过大奖）往往能立刻成为无话不谈的好友。因此，当你和对方聊天时，不妨聊聊你们都喜欢的事物，还有你们的共同之处。

热情待人

心理学家丹尼尔·戈尔曼写道："微笑是最具感染力的情感信号，它具有一种几乎不可抗拒的力量，能让对方也立即报之以微笑。"[2] 对别人微笑不仅能让对方感到愉快，还能使自己感到愉快。在双方刚开始交谈时就定下愉快的基调，这一点非常重要。在进行任何人际交往时，无论是你即将回到你的配偶身边，还是你要和一位同事打招呼，你们在开始时的沟通效果，将在很大程度上影响这次见面的质量。

说几句客气话

在与人交流时，似乎只有当我们做错了事的时候，才会说一些好听的话。这真是太不幸了。我们应该积极主动一些，时不时说上一句好话，这么做胜过在做错事后说上一百句好话。在进行了 69 项关于如何给别人留下好印象，如何让别人喜欢我们的研究后，研究人员发现，最成功的策略就是让对方自我感觉良好——通过真诚地恭维或赞美来达到这一目的。这背后的基本原理就是：所有人都渴望拥有良好的自我感觉，而大多数人是依赖他人获得并维持这种感觉的。你不妨与自己最亲近的人一起试试这个办法。一个特别简单的做法就是：每天通过短信、电子邮件、电话、便条告诉对方或当面跟对方说，你赞赏、尊重他身上的某一点。

做对方的盟友

当你知道对方犯了一个错误的时候，你可以宽慰他说，任何人都会犯这样的错误，并告诉他不要对自己太苛刻了。无论你怎么做，切莫严厉批评或谴责对方。当其他人对此有不同意见时，如果你认为对方的观点有一定价值，那么不要吝啬于为他进行辩护。当你们两人意见不一致时，不要试图证明你比对方更聪明，因为这样做对你没有任何好处。相反，承认他的见解很深刻，并表示自己能体会他的感受，将对你大有益处，即便你其实并不同意对方的看法。

两个不同的阵营

有的时候，冲突源自更深层次的东西：意识形态。不认同对方的意识形态，通常不至于让你和对方断绝关系，也不至于让你憎恨对方。然而，这的确会影响双方的关系。原因是，由于双方的思想观念存在分歧，你们对待彼此的方式可能会出现问题。伴随着每一句无礼的评论或每一次由于不赞同对方而导致的怒目而视，你们两人都会进一步确认，自己讨厌对方是有充分理由的。而一次又一次不尊重对方的行为，导致双方最终产生了根深蒂固的敌意。冲突的根源是可以容忍的，甚至是可以控制的，但由于双方在交流时剑拔弩张、气氛紧张，你们的关系最终会恶化到无法挽回的地步。但即使你们已经“交恶”了很长时间，你仍然可以扭转局面，只要你能做到完全尊重对方——无论对方的意见和态度是怎样的。其中涉及两大心理现象。

第一个心理现象就是前面讨论过的“认知失调”。如果别人对你很不好，但你仍然对他们很好，那么他们就不得不心软并思考：为什么自己对如此友善、如此值得尊重的人表现得这样粗鲁、这样无法忍受呢？为了解决这一矛盾，他们往往被迫得出这样的结论：你一定是一个好人，只是你的想法有点儿问题，你并不是一个应该遭到他们漠视的坏人。第二个心理现象是“减少内疚”。多项研究表明，为了消除内疚的感觉，人们几乎愿意做任何事情。当你善待对方，而他们却待你不好时，他们多多少少会感到内疚。为了中和这些情绪，他们往往会改变自己的行为，变得更加宽容。

许多人都可能与同自己的意识形态迥异的人成为亲密的朋友，建立非同一般的密切关系。大家能友好相处的诀窍就是：彼此不讨论那些有争议的话题。要知道，并不是每个问题都需要进行彻底、完全和深入的讨论的。只要你想聊点儿别的，你就一定会找到很多话题。

第七章

不生气的高级心理学策略

22

神经可塑性的强大力量

你会发现，身处令人紧张的环境中时，自己很难表现得冷静从容，更不用说拥有内心的平静了。但是，我们可以一步步地培养自己的这种能力。现在就学会让自己不生气，如此一来，当我们下次生气的时候，就能更好地控制自己了。

多年以来，传统的思维模式热衷于将人的大脑比作一个压力锅。压力会在这个锅中不断累积，直到锅盖被掀起来。因此，心理学家鼓励人们通过发泄怒气来释放积聚的压力。然而，在对这一课题进行了广泛的研究之后，人们发现，事实证明，释放怒气不仅没有什么好处，而且还有很强的破坏性。“当人们盛气凌人地发泄自己的情绪时，往往感觉更糟糕。他们的血压迅速升高，于是他们怒气冲天。”[1] 多项实验表明，突然暴怒有可能让人更加愤怒。[2]这是因为，通过说服自己当时的情境需要我们做出情绪化的回应，我们实际上是在下意识地证明自己的这种反应是正确的。于是我们勃然大怒、大发雷霆，而又会马上进行自我辩解，这将导致我们的攻击性变得更强。当我们发泄怒气时，内心往往会遭受折磨；而我们越是暴跳如雷，怒火就会把我们吞噬得越厉害。

“面部反馈假说”事实上适用于所有的体态语言。（这些都属于具身认知理论的范畴，根据这一理论，人的思维不仅受到人的生理机能影响，而且实际上正源于人的生理机能。）在一系列研究中，研究人员要求实验对象看一些恶心的图片，同时试着隐藏自己的情绪，或者把笔含在嘴里防止自己皱眉。而对照组实验对象没有收到任何指示，他们只需要做出自然的反应就行了。结果不出所料，与对照组相比，那些被要求控制自己表情的受试者报告说，他们看了图片后并没有感到那么恶心。[3]我们的大脑会试图协调我们的行为和情绪状态。大脑得出的结论是：我们如何表达自己的思想和见解，反映了我们对当时的情境（或我们当时的所作所为）产生了什么样的感觉。

“人的外在行为塑造了其情感世界”——这一原则是“外在行为唤醒内在世界”“思想由行为塑造”等心理学原则的基石。亚里士多德曾说过：“我们通过首先把美德付诸行动来获得美德。”现在的行为疗法（也被称为“行为矫正疗法”）就是在这一理论背景下出现的。这种疗法的核心是通过找出不良行为，并用更积极、更健康的行为替代它们，来矫正这些不良行为。这种矫正疗法不仅能对症治疗，还能由外而内地改变一个人的个性和品格。

注意你的大脑

人类出生时，只有两种最原始的恐惧：害怕跌倒和响亮的噪声。其他各种恐惧都是后天习得的。我们对任何情境的情绪反应都是可以改变的——无论是变好还是变坏。创伤后应激障碍就是一个典型的例子。创伤后应激障碍是一种严重的焦虑综合征，通常会在心理创伤后出现。比如，一个从战场上回来的战士就有可能患上严重的创伤后应激障碍，就连直升机发出的声响或一声响亮的关门声，都会让他突然陷入恐慌之中。因为他的大脑实际上已经根据一个错误的认识重新连接了通路。在这样的情况下，肾上腺素会劫持大脑，并将大脑接收到的威胁从前额皮层（负责思考的大脑区域）转移到杏仁核（恐惧和焦虑反应中心）。这种基于恐惧的失调与本能的愤怒反应惊人地相似。杏仁核使我们的“自我”察觉到了一种对情感自我（而非对我们的身体）构成的威胁。于是我们不再进行思考，而只是在做出本能的生理反应。

分子生物学领域的一些最新发现让我们能够更全面地了解人

的行为和大脑回路之间的关系。当我们产生某种情感反应时，这些反应会在大脑中得到加强。例如，如果某人无礼地对待我们，让我们感到沮丧，那么下次遇到类似的情况时，我们的反应可能会更强烈，因为粗鲁的人会让我们生气——这一神经通路已经得到了强化。

不管我们重复什么行为——无论是练习乐器、大发雷霆还是保持冷静，这种重复都会加强神经元间的连接。每个神经元都会适应其周边环境，或者更准确地说，适应神经元从邻近细胞接收到的信号。在两个神经元多次同时放电时，它们之间的连接就加强了。因此，生物学中有这样一个说法："一起放电的神经元连在一起。"正如《今日心理学》上的一项研究所解释的那样，事实证明，人在受到刺激后做出的情绪反应和生理反应，都可以用这一理论来解释：

> 和肌肉一样，大脑回路用得越多就会变得越强——如果你在学钢琴，这一点简直棒极了；但如果你的关节经常疼痛，那就糟糕了。纽约市纪念斯隆－凯特琳癌症中心分子神经药理部的部门主任加夫里尔·帕斯特纳克说："痛觉通路就像一条森林中的小径。如果这条小径早就开辟出来了，那么它就更容易通行，而且还会得到巩固。"
>
> 经过一个类似能让你越来越擅长打壁球或操纵变速杆的

神经作用过程，你的大脑将“越来越擅长”感知疼痛——你会变得更加敏感，哪怕仅仅是被戳了一下或刺了一下，你都会觉得痛苦难当。最终，患有纤维肌痛症（这种疾病会影响关节和软组织）等慢性疼痛症候群的人，甚至会觉得一点儿轻微的疼痛都让人难以忍受。影像学研究揭示了这是怎么一回事：即便是轻柔的触摸，也会导致大脑中处理疼痛的区域做出反应。对不明原因的慢性腰痛患者进行的研究也有类似的发现。这不是一个有意识的过程，而是大脑对重复刺激自然而然做出反应的一种方式。[4]

现在，让我们回到先前的话题。学习掌握一种新的反应——比如在遭到侮辱时，或者当我们感到自己没有受到尊重，焦虑或失控时，试着保持平静。这种行为模式会刺激相关的神经元长出延伸部分（树突，神经元的分支突起）来彼此连接（树突负责在细胞间传递信息）。树突的数量越多，我们就能越快、越顺利地理解相关信息，并将学到的新知识整合到原有的知识库中。如此一来，我们就会变得更加聪明、更有效率、更有能力，反之亦然。未充分使用的连接会逐渐退化，最终消失。[5]只要借助一台电子显微镜，我们就能清楚地看到，大脑中那些不活跃的连接是如何逐渐消失的。[6]因此，一个人可以通过保持自制力来强化自我控制能力，也可以通过放纵自己一而再，再而三地勃然大怒，愚蠢地削弱自己的自控力。

需要多长时间?

人的神经通路处于持续不断的运动当中。当一个盲人通过开发自己的触觉，学习盲文来弥补视觉的损失时，大脑中不同区域的边界会在短短几分钟内就重新做出调整，从而使控制食指的大脑皮层区域扩张。[7] 那么，一个新的神经网络需要多长时间才能完全起作用呢？这取决于已经形成的日常行为习惯和取代它的新行为的强度、持续时间和发生频率。研究人员得出的结论不甚一致，因为这涉及很多因素，但普遍公认的研究结果表明，一旦某一神经通路被连续攻击 21 天，那么不断重复的新动作就会重塑我们的大脑。刊登在《欧洲社会心理学期刊》上的一项最新研究表明，平均 66 天的持续活动，就可以将一种新习惯完全植入我们的生理机能中。然后，只要重复多次，新的行为就会成为一种无意识的行为。尽管如此，也有其他研究表明，需要连续 6 个月的专注重复才能使神经可塑性发挥作用，带来彻底的改变，然后我们才会本能地做出与之前不同的反应。不管这个过程需要多长时间，都不意味着在此之后我们就不会回到以前的状态了。但这确实意味着，无论我们之后要应对哪种情况，我们都将在一开始就拥有生理上的优势。

愤怒会招致更多的怒气，而沉默将带来平静。所罗门王说：

“和善的回答能驱散愤怒，但是言语的暴戾则能煽动怒火。”[8] 大多数人认为，这句话中的“煽动怒火”指的是让说话的人生气。但实际上，他所指的怒气也包括我们自己的怒气。可以通过为当时的情境建立另一种意义来重新训练我们的大脑——这是一种理智的或者说认知的方式。我们可以问问自己：“这意味着什么?”然后回到我们在前几节中提到过的非自我导向的现实之中，这样，我们就重置了情绪反应。另一种重新训练大脑的方法是强迫自己超越保持中立、冷静的态度，并表现出更进一步的行为。回想一下前面提到的面部反馈假说，微笑这一行为本身就会向大脑发出一个信号：这种情况并不构成威胁——我们不仅可以放松下来，而且已经放松下来了。在第27节中，我们将了解如何应用这一理论，并将理论付诸实践，即如何在盛怒之下让自己冷静下来。

23

改变你的自我概念，改变你的人生

自尊心反映了我们对自己有什么样的感觉，而自我概念指的是我们对自己有什么样的了解。到目前为止，我们一直聚焦于如何提高自尊心，但现在我将介绍一种方法，让我们能重塑积极的自我概念。这样做不是在改变我们观察自己的视角，而是在改变我们所看到的人。

来看下面的例子：几个研究人员冒充安全督察员，询问一些房屋业主，是否能在他们的前院竖立一块“小心驾驶”的巨大提示牌，结果只有 17% 的业主同意。随后，这些“安全督察员”向另一组业主先提出了一个小小的请求：能否在他们的窗户上挂一块写着“做一个安全的驾驶员”的 3 英寸[①] 大的小牌子，几乎

① 1 英寸 =2.54 厘米。——编者注

所有业主都立马答应了。几个星期后，他们又去拜访这些业主，询问能否在他们门前的草坪上竖起这块庞大的提示牌。结果，竟然有 76% 的业主都同意将难看的提示牌放在他们的前院中。[1]

为什么这两组业主的反应会有这么大的差异？很简单，那些答应了先前那个小请求的业主，重塑了他们的自我认知，在自我定义中增加了“重视驾驶安全”这一条。因此，他们答应那个更大的请求，不过是为他们已经深信不疑的事业去做一点儿事而已。

大多数人认为有必要让自己的行为和对自己的认识保持一致。就像橡皮筋一样，其被“拉伸”到一定的长度，就会恢复到原来的样子。然而，修正自我概念并不仅仅要靠行动，也要靠我们的想象力来实现。想象有一种能够改变我们的惊人的能力，因为潜意识无法区分想象中的事件和真实发生的事件。事实上，神经科学的专家们已经发现，当某个人经历某些事时，他大脑中的某些区域会被激活。他们还发现，即使人们只是在想象这样的经历，同样的区域也会被激活。

想象的力量是如此的强大。已有若干实验表明，它能让人的身体和思想同时出现变化。[2] 举个例子，不管我们是真的在运动，还是仅仅想象自己正在运动，我们的肌肉都会获得类似的力量。一项研究发现，如果实验对象想象自己正在进行手指练习，那么他们手指的力量就会平均增加 22%。相比之下，真的进行了同样锻炼的对照组，其手指力量平均增加了30%。[3]

重复性的动作模式也会对我们的神经产生长远影响。科学家已经在细胞层面和人体系统层面观察到了这些影响，这样的影响甚至会延伸到运动皮层，大脑想象中正在得到锻炼的那些肌肉，以及与之相关的那些肌肉。60项关于心理意象力量的研究表明，在进行严格的强度测试时，这种想象的力量的影响最不明显，而在进行关于运动机能的测试时，其影响相对明显一些。在精神领域，其影响最强，其中效果最显著的情境就是练习控制怒气。[4]

我们并不需要等待某一充满挑战的情况出现，再完全依靠意志力来克服情绪反应。仅仅想象自己在以某种方式做出回应，就能重塑我们的自我概念，并让大脑产生与做出实际行动相同的变化。例如，在脑海中演练冷静、耐心的反应，将帮助我们的大脑进行重新配置，即使是在那些最令人畏惧的情况下，也能锻炼我们保持自我控制的能力。

另外，回想那些让人展现出某种品格特征的人生片段也有好处，无论这种情境是实际存在的，还是我们想象出来的。一种被称为“易获得性启发”的心理特质表明，人们常常将对自我的认知建立在“易获得性”的基础上，或者说，建立在大脑中容易获得的那些信息的基础上。举个例子，假如你能快速地回忆起自己曾经冷静地处理过的几件事情，那么你就会把自己看成一个做事冷静的人，至少在当时你会这样想。但是，如果你难以回忆起自己冷静处事的片段，你就会觉得自己是个容易焦虑、容易生气的人。正因如此，有的人会歪曲地看待自己。当回忆起人生中的失败和错误时，他们似乎拥有电脑一般超强、超快的记忆，于是他们就把自己看成了失败者。即便取得的成就远远多于犯下的错误，但如果我们只记得错误，我们就会把自己看成一个失败者。

还可以利用这一点来完成一些其他的事情：我们可以更轻松地坚持自己的主张。通过在头脑中练习那些我们为自己挺身而出，以平静而清晰的方式表达思想的片段，我们的记忆将存满这样的场景，自我概念将围绕这个角色重新塑造自己，并促使我们真正做出这样的行为。你曾经为自己据理力争过吗？只需回忆5~7个这样的片段，然后把它们串联在一起，就能组合成一个长达一分钟的“电影预告片”，你可以在脑海中播放这部生动精彩的“预告片”，每天播上几遍；也可以在你需要增强自信心的时候播放一下，给自己打气。

代价与后果

最能发挥出想象法的优点的做法，并不是简单地根除个人的特质，而是要养成放弃自己目前的言行，然后进行思考，再感受行为后果的习惯。只有这样做，我们才能充分理解我们的选择将把我们带向何方。如果想要克制自己的怒气，我们就应该现实一点儿。必须认识到会遭遇什么样的危险，并允许自己去感受错误选择带来的那种强烈的痛苦，以及负责的选择所带来的纯粹的快乐。从长远来看，我们这样做或者那样做，会让自己付出什么样的代价？又能让我们获得什么样的收益呢？我们必须让自己不计较眼前的得失，将重点放在我们的言行会对自己和我们所爱的人造成什么样的伤害方面。

可以想象一下，如果无法克制自己的怒气，那么会造成什么样的痛苦后果。我们必须面对现实，试着想清楚：到目前为止，我的所作所为让我付出了什么样的代价？必须思考一下，如果不改变思考方式和行为方式，那么5年后、10年后，或者我们老了以后，我们的生活会是什么样的。还应该深刻地反思一下：如果我们学会了克制自己的怒气，那么会对自己有什么样的感觉？我们的生活又会变得多么不同？

研究结果非常明确。丹尼尔·阿克斯特在他的大作《诱惑心理学：欲望挑动了你的哪根神经》中写道："……说到自控，重要的不是意志力，而是眼力——预见未来的能力。如果我们有足够的眼力，那么我们在短期内做出的选择会带来什么样的长期后果，就会是非常清晰、明确的。从这个意义上说，我们在这方面的不足之处，实际上是缺乏想象力。"[5] 充分意识到后果的严重性，是防止产生冲动言行的有效手段。[6]

然而，只有我们觉得自己重要时，后果才具有重要意义。各种各样的策略可以帮助我们克制自己，但唤醒情感力量的唯一方法是提醒自己：我们拥有更崇高的目标。[7]再次确认我们的核心价值——知道我们为什么而活，知道我们是谁（指的是我们的灵魂，而不是我们的身体或“自我”），是增强意志力的最重要因素。[8]

24

充分利用身心关联

愤怒抑制了我们看清事物的能力（因为“自我”扭曲了我们的视角），也抑制了我们理智地处理信息的能力（因为我们的身体受到了皮质醇水平升高的影响）。此外，应对任何形式的压力都会消耗我们的意志力，而不管我们的本意有多么好。混乱的大脑和紧张的神经系统都会让我们难以保持冷静。[1]生活中的常识同样证实了无数研究得出的结论：我们在日常生活中表现得越冷静，在遇到麻烦时就越容易控制愤怒。以下提到的这些直接作用于生理因素的方法，有利于减轻我们的整体压力和焦虑水平。

冥想

冥想是放松神经系统的一个有效方法。虽然各种有效的压力管理策略可以帮助我们锻炼自控能力，但事实证明，冥想是其中特别有效的一种，练习冥想很快就能收到成效。[2]研究表明，那些每天冥想 30 分钟，连续坚持 8 周的人，其大脑前额皮质中的灰质密度有了显著提高。与此同时，脑部核磁共振扫描显示，他们大脑中的杏仁核部位的灰质有所减少，而杏仁核正是引发焦虑和压力的大脑区域。

27 个国家的 200 所大学和研究所进行的 1 000 多项独立的科学研究表明，冥想练习对人的心理和生理均有益处，相关论文都已发表在权威的科学期刊上。哈佛大学医学院医学教授、医学博士、170 多篇论文的作者赫伯特·本森指出，经常进行冥想练习可以有效减少焦虑、担忧、恐惧感，也可以减少人们的非结构性思维，还能提升个体的幸福感。[3]他写道："练习冥想会在人体内引发一系列生物、化学和物理变化，这些变化统称为'放松反应'。放松反应包括新陈代谢、心率、呼吸、血压变化，以及大脑中的化学物质出现的变化。"[4]其他研究表明，冥想能够促使一个人整体的心理健康水平提升，包括增强自信心、自控力，促进同理心，促成人的自我实现，并能使人在高压环境下有效减轻愤怒。[5]

简易的呼吸冥想 5 步法

练习呼吸是最有效的方法之一，因为呼吸是人体少数几个无须意识参与的、自然而然发生的生理过程之一。同时，我们又可以通过意识轻而易举地改变呼吸情况，从而在无意识和意识之间搭起一座桥。随着时间的推移，这样做能够帮助我们控制那些无法抑制且不受欢迎的想法和感觉。以下是基础呼吸训练的具体步骤：

第一步：营造气氛。你可以走到室外感受阳光的温暖，或者进入一个幽暗的房间，寻找一个完全没有干扰或外部噪声的安静角落。可以是你家的一个房间、一片树林，或者任何一个静谧的地方。

第二步：选择一个舒服的姿势。传统的莲花盘腿坐姿就非常不错，但你并不是非得采用这个姿势不可。只要你能够在呼吸冥想的过程中一直保持这个姿势，并且这个姿势让你的身体觉得舒服，不会导致身体疼痛或注意力分散就行了。最简单的姿势是坐在舒适的椅子上，双脚平放在地上，双手放在膝盖或椅子的扶手上。

第三步：首先，慢慢地用鼻子吸气，用嘴呼气。每次吸气后屏息 4~6 秒，然后再缓缓呼气。关注你的呼吸，试着感受你吸气时的感觉和屏息时的感觉，以及慢慢呼气时的感觉。大约这样练习 5 分钟，再开始下一步。

第四步：现在，轻松自在地呼吸，不要去想如何控制呼吸的速率和节奏等问题。你仍然应该关注你的呼吸情况，但不要刻意去想该如何吸气或呼气，以及何时吸气和呼气……你只需自然而舒适地呼吸即可。这时，你会发现自己浮想联翩，各种想法都从脑海中冒了出来，这是不可避免的，不必担心。当你意识到你的注意力已经转移时，试着渐渐让注意力回到你的呼吸上。

第五步：练习 15~20 分钟后（如果时间紧迫，练习几分钟也行），慢慢睁开眼睛，花上一两分钟来适应周围的环境，结束这段呼吸冥想练习。

肾上腺素和体育锻炼

咖啡因会激活身体的“战斗或逃跑”反应，促使人体分泌出肾上腺素和皮质醇，就像正处于令人紧张的情况中一样。虽然葡萄糖对人体的影响是间接的，但这种影响同样是有害的。人体在摄入高糖食物或精制碳水化合物后，血糖就会飙升，然后急剧下降，这会刺激肾上腺素调节血糖水平。长此以往，这种变化会对神经系统造成严重破坏，但其短时间内造成的影响更令人震惊。耶鲁大学的一项研究发现，一份含糖饮料会导致成年人的肾上腺素水平增加 1 倍，儿童则会增加 4 倍。近期研究也表明，精制糖和单一碳水化合物含量较低的饮食，能减轻强迫性神经官能症、无端恐惧症和焦虑症患者的症状。我们的饮食之所以很重要，还有另外一个原因：在容易生气，需要自我控制或考验意志力的时刻，我们的大脑也需要利用葡萄糖，就像肌肉一样。[6]研究结果表明，当葡萄糖水平低或代谢不正常时，我们最容易发脾气。[7]富含复杂碳水化合物、健康脂肪和蛋白质的饮食有助于减少血糖水平的波动，从而使我们的生理机能发挥积极作用。

一些交叉研究也表明，体育锻炼具有减压效果。著名的压力生理学家纳撒尼尔·汤姆博士专门提到了体育锻炼对制怒的效果，他提出："运动，哪怕只是一次运动，也能有效预防怒气积累。"[8]不过，我们对此还是应该谨慎一点儿。因为发表在美国心脏协会期刊《循环》上的一篇论文发出了警告：一项在全球范围内展开的调查研究表明，人不应该在生气的时候进行体育锻炼，因为愤怒的人在开始锻炼后的第一个小时内，其心脏病发作的风险将增加 2 倍。[9]

深呼吸和渐进性肌肉放松

现在我们再来说说关于呼吸的事。正如我们注意到的，愤怒情绪与"战斗或逃跑"反应直接关联。在高唤醒情境中，深呼吸和肌肉放松练习可以有效地平息怒气。注意到了吗，有一部分人，他们的举手投足都显得有些神经质或过分敏感，他们的身体也往往是紧绷、僵硬的。人体的中枢神经系统是由大脑和脊髓构成的。如果你没有同时放松你的身体，你就不可能让你的大脑得到彻底放松。每天花 5 分钟的时间进行呼吸和肌肉放松练习，将有助于提高你的整体愤怒阈值。让我们来学习一下：

（1）深呼吸

这种高效的训练可以快速缓解紧张心理，促进氧合作用，并帮助你排出体内的毒素。

第一步：找一个让你能舒服地坐下来或躺下来的安静场所，正常呼吸，专注于你的呼吸。

第二步：大约 1 分钟后，用鼻子深深地吸气，让你的肺部充满空气。

第三步：当你的肺部充满空气之后，慢慢地通过你的嘴呼气，注意你的呼吸。继续用鼻子吸气约 6 秒——屏息 4~6 秒，然后用约 6 秒的时间通过口腔缓缓呼气。重复上述步骤几分钟。

大多数人的呼吸都是浅而受限的，所以，如果你不太熟悉深呼吸，你也许就会发现，躺下来，把手放在肚子上练习深呼吸会更容易一些。随着你慢慢吸气，扩张你的胸部和腹部，你会感觉你的手随着每次吸气抬起，然后随着呼气落下。

（2）渐进式肌肉放松

这一锻炼方式可以缓解各种各样的不良情绪和生理病痛，

也可以帮助你从整体上减轻压力。通过这项练习，我们可以更好地认识到，什么时候身体处于紧张状态，并学会如何迅速放松这些肌肉，以减轻随之而来的压力和焦虑。先慢慢地拉紧你的肌肉，然后放松每一个肌肉群，之后自下而上地放松全身的肌肉。在练习时，我们需要专注于以下身体部位：双脚、大腿、臀部、腹部、双手、双臂、颈部和肩部、下巴、双眼和前额。

· 找一个安静的地方躺下，脱掉任何可能妨碍你身体放松的衣服。

· 接下来，闭上你的眼睛，进行几次深呼吸，然后开始感受压力从体内释放出来的感觉。放松你的下巴、双眼、前额，缓缓扫视你的身体，放松那些绷紧、紧张的区域，让自己的身体下沉。这是第一步，练习总时间不应超过 2 分钟。

· 现在，聚焦于你的右脚。慢慢地动一动右脚，注意体会这种感觉。渐渐地绷紧你的脚部肌肉，直到你觉得它们已经尽可能地绷紧了（但没有让你感到疼痛），默数 5 秒左右，然后慢慢地放松下来。感受你的脚是多么柔软。

· 放松 30 秒，慢慢地深呼吸。

·然后把注意力放在你的左脚上。和刚才一样，轻轻动一动，试着绷紧，然后放松。

· 记得花 30 秒左右的时间深呼吸放松一下，再放松你的小腿和身体的各个部位。然后逐渐向上放松全身，收缩和放松各个肌肉群。

有益身心的想象练习

如果你有时间的话，还可以在上述练习的基础上加上这个快速的想象练习。闭上眼睛，放松一下。现在想象一下，你将毫无怒气地度过每一天，这对你的人生和人际关系可能产生什么样的影响？你看上去怎么样？你怎样看待周围的事物？你在对自己说什么？你所处的环境怎么样？它是否也发生了变化？

你身边的人是什么样的？他们会怎么看待你？他们会对你说什么？你会对他们做出什么样的反应？你将如何与他们互动？现在，花点儿时间审视你自己的身体，思考一下你自己能成为什么样的人，并好好体验那种平和、宁静、充满活力的感觉。

25

实际应用冥想和创造性想象

前两节讨论了想象、呼吸和冥想的方法。在本节中，我们将综合运用这些练习与技巧，以帮助我们摆脱几十年的积怨——那些虽然已经时过境迁，但我们仍然怀恨在心、无法释怀的经历。

一段痛苦的经历过去很长时间后，我们仍然对它念念不忘，这是很正常的。我们要做的是去处理它、摆脱它，也许还能借此提高洞察力，并获得意义或信息。研究人员试图解释为什么有时这样做能起作用——能让我们感觉好一些；而有时，我们反而会陷入泥潭之中无法自拔，原本消极的情绪变得更加根深蒂固。他们写道："虽然经过这个带来意义的过程，有时能让人感觉好一些，但这样做也常常导致当事人全线崩溃，令其翻来覆去地回想过去的事，并感到更加沮丧、难受。这就带来了一个问题：究竟由什么来决定人们试图摆脱消极情绪的努力是成功还是失败?”[1]

心理学家盖伊·温奇简要地总结了这个问题的答案。他解释说，我们倾向于以第一人称的视角，以自我为中心来思考痛苦的经历，正如那是我们亲眼看到、亲身经历的一样。然而，假如以第三人称的视角重放这段带来情感痛苦的经历，就像以一个旁观者的视角来观察我们自己，我们只不过是现场的目击者，这种视角的变换就能带来显著的不同。他写道："与以第一人称视角进行的观察相比，当受试者以第三人称视角回想过去的痛苦经历时，他们声称自己感受到的情感痛苦大大减轻了。此外，以一个在心理上远离自己的、置之度外的角度去看问题，也可以让他们重新理解自己过去的经历，并有所领悟，然后真正放下往事。”[2]

这些发现与我们要说的中心思想完全吻合：越是把“我”卷入一件不愉快的事情中，“我”就越感到痛苦。同样，当我们以第一人称视角回忆过去的不快经历时，我们就会在消极情绪中越陷越深。正如我们所知，让我们生气的实际上不是某一情境或某一事件，而是我们是否认为此事是针对我们的。下面即将介绍的这一方法（应归功于神经语言学程序法），通过利用想象的力量来消除某一事件对我们个人的影响，从而永久改变我们对自己过往经历的感觉。

转换视角练习

（1）找一个可以让你不受打扰地放松自己的安静场所。闭上眼睛，让自己舒适一些。

（2）回忆一段让你感到愤怒的经历。

（3）此时，你是以自己的视角，用你自己的眼睛在“看”。你是如何行动的？你感觉怎么样？你看到了什么？你对目前的情况有什么看法？感受一下这样做对你身体有什么影响。你的身体是否产生了紧绷感、紧张感，以及随之而来的种种感受——你只需观察就好。

（4）接下来，把画面拉远，以旁观者的身份观看，再一次重放这一幕。你可以和自己交谈一下，想想为什么“这个人”这么生气。正如我们所知，愤怒的根源在于恐惧和控制。问问你自己：“我到底在害怕什么？”“愤怒背后的潜在恐惧是什么？”“我有什么需求没有得到满足？”多花一点儿时间，好好思考一下你的行为及其潜在动机。

（5）现在，我们将增加一个简短的放松练习，以帮助我们适应这种新的感觉。感受你的身体和呼吸（按照前面提到的深呼吸和渐进式肌肉放松练习来做）。

（6）现在做回你自己，花点儿时间欣赏你的选择，做一些事情来释放你的怒气，而不是让你的怒火继续消耗你、限制你。记得始终保持微笑。

下面的NLP（神经语言学）练习是前一种练习的增强版，旨在通过减弱相关情绪的强度来改变我们的内在表现。它通过双重的心理和生理机制来实现这一目的。关于这一双重机制，下文将给出进一步解释。

放电影练习

（1）找一个让你可以不受打扰地放松自己的安静场所。闭上眼睛，让自己舒适一些。

（2）想象一下，此时此刻，你正独自坐在电影院前排中部的座位上。大屏幕上，电影定格在第一帧，而且画面是黑白的。这第一帧正是你之前生气时的一幕。现在，你将伴随着不同的感官效果（视觉和听觉上的）来重温这一时刻，分别是：①另一个更有利的位置，②配上不协调的、令人发笑的配乐。

（3）想象一下，你飘啊飘，飘出了自己的身体，飘进了放映间，这样你就可以（从后面）看到你自己坐在电影院里面，看着前面的大屏幕。花点儿时间好好看清楚——你是以什么姿势坐着的，你穿着什么样的衣服。

（4）现在，一边听着引人发笑的音乐，比如卡通歌曲或喜剧旋律，一边在前面的屏幕上回放你记忆中的片段。不仅要注意大屏幕，还要注意前排座位中的“自己”在看大屏幕。

（5）当放到最糟糕的那段经历时，定格在那个画面。让自己“飘浮”在影片中，用自己的眼睛去看每一件事，用不协调的配乐回放影片，随后快速播放影片，然后再次回放，并且加上色彩，以第一人称的视角去体验它。你会看到发生的一切都反过来了：人和事物都会移动、会说话、会后退。用同样的配音以最快速度倒着播放，快速将整部电影过一遍；再重播一遍影片，这次的速度加快一点儿；然后再快速重播一遍，最后一次重播的时间不要超过5秒。

（6）当你看到电影开场的地方时，把屏幕切黑。

（7）重复以上步骤1~2次，直到你再也不为这个人或这件事生气为止。

这种方法通过破坏我们对该事件的内在反应，抑制强烈的情绪，中和消极的联想起作用。研究发现，记忆是高度可塑的，可能永远不会完全固定下来。这意味着，我们可以随时强化或削弱这些记忆。当体验这些创伤时，我们的恐惧感和脆弱感会加剧，从而刺激肾上腺素的分泌，而正是肾上腺素让这些记忆在事件发生后的几天、几个月甚至几年后仍然在我们的脑海中表现得那么深刻、那么强烈。科学家用心得安进行了实验。心得安是一种β-受体阻滞剂，通常用于治疗心脏或循环系统疾病，它能阻滞杏仁核中的神经细胞分泌肾上腺素。研究结果表明，当人们回忆过去的创伤经历时，服用了这种肾上腺素阻断药物的人，可能会对这一事件产生新的想法，从而让自己摆脱这种情感折磨。[3]而上述方法是通过去除令人愤怒或恐惧的经历中的“负电荷”来达到类似效果的。

26

盛怒之下如何制怒

愤怒管理技巧在应用时往往会失败，因为它是我们的第一道防线，而我们很容易就会被折磨得筋疲力尽。但是，俗话说得好，“有效的进攻就是最好的防守”，我们一直都在强调，应该想办法避免让自己有意识地去压制自己的怒气，原因就在于此。比如，在面对侮辱时，如果拥有正确的视角，就不必强迫自己保持冷静，因为我们根本就不痛苦。我们不需要为明知无关紧要的东西较真，更不用说那些虚假的东西了。如此一来，无论我们的状态有多么糟糕，无论我们的自我变得多么强大，我们都能克制自己的怒气。因为，根本就不存在的东西，是无法恣意发展蔓延的。

在前几节中，我们解释了大脑是如何改变的，即大脑是如何通过一个名为“自我定向神经可塑性”的过程进行重新布局，创建新的神经通路的。[1] 通过激发想象，我们已经在大脑中“让这个球滚动起来了”。随后，当我们进入现实世界，下面的规约将强化这种新的思路。因为，为了尽快摆脱愤怒，我们需要避免愤怒反应通路中的神经元被重新激活。

让我们聪明一点儿

首先，我们需要弄清楚，人的情感什么时候最有可能脱轨。当知道促使我们生气的诱因是什么之后，我们就可以有意识地减少让自己置身易怒情境中的次数。那些最容易让我们陷入愤怒的模式包含几个关键点，分别是特定情境、特定时间和特定人群。如果绕道而行以避免诱惑，要走的路就可能会稍微长一点儿，但我们更有机会安全地抵达目的地，而在过程中没有让自己生气抓狂。

我们应该认识到自己的局限性，防止自己过于接近这些危险地带。当我们的心境不佳或者没有足够的情感能量去挥霍时，避免潜在的容易引发对抗的对话和情境是明智的。此外，对情感资源的不必要消耗是愚蠢的。制怒需要意志力，而意志力并不是一种无穷无尽的资源。每次试着克制自我时，我们就会消耗意志力，尽管这种消耗只是暂时的。[2] 例如，研究发现，如果拒绝了一条实际上颇有说服力的信息，我们随后进行自我控制的能力就会降低，这种损耗会让我们更容易被别人说服。[3] 相关研究得出的结论是：那些最善于进行自我控制的人，通常把他们的生活安排得井井有条，尽量减少受到诱惑的机会。[4]

规约：第 1 层级

当清晰思考的能力受到损害或者完全丧失之后，我们就很容易失去方向，陷入那种熟悉的、挫败的、情绪化的模式。当无法好好思考，做出恰当的反应时，提前制订计划，按照预先安排好的方案来行动，可以让我们做出负责任的反应。即使意志力已经耗尽，这一方法仍然有效，因为我们并不需要重新考虑该怎么做。换句话说，我们已经本能地做好准备，因此我们是经过深思熟虑后做出的反应，即使那只是一种本能的反应。

第 1 层级的规约由两个彼此交织的层面组成，我们将先对它们进行概述，然后再具体说明。首先，要干预引发愤怒的模式，以阻止刺激反应循环生根发芽。这种干预也能避免我们做出愤怒的反应，因为从生理学上讲，它会向神经系统发送生化信号，使其摆脱“战斗或逃跑”反应。其次，这一层级中最棒的一点，是这种类型的干预依赖于肌肉记忆，而无须动用大脑的力量。接下来，我们将更全面地讨论这一点。但就目前而言，肌肉记忆是近乎完美、近乎自动化的表现背后的关键。比如，经验丰富的打字员在打字时，经验丰富的司机在操纵变速挡时，就处于这样一种状态。

模式干预

当我们开始生气时，我们需要采用一切合理的办法尽快让思路离开那条通向愤怒爆发的路。模式干预就能起到这样的作用，它会迅速转移我们的注意力，避免我们由于怒火中烧而蒙蔽心智，做出一些徒劳无益的事情。（模式干预可以是任何一种与先前的思路不连贯、不协调的想法或手势，比如打响指，想象和我们说话的人正在缩小，倒数三、二、一，等等。不过我们总会发现，某一种模式干预比其他模式干预更好用。）采用这样的模式干预也会减弱最初刺激的强度，从而减轻生气发怒给我们带来的损害。

自动肌肉记忆反应

从执行情况来看，人的每一个行为都可分为 4 个不同的层级：（1）不自觉无能力，指当事人没有意识到自己无法正确地做好某一件事。（2）自觉无能力，指当事人意识到自己不具备必要的技能，无法像他自己希望的那样高效、成功地完成某一件事。（3）自觉有能力，指当事人知道自己有能力做好某一件事，但他必须留意自己的所作所为才能顺利地完成此事。（4）不自觉有能力，指当事人能够在不太上心或毫不上心的情况下，根据需要做好某一件事。学习如何自如地操纵变速挡的过程，就体现了这4个层级。在一开始，变速挡给人的感觉是完全陌生的。但最终，驾驶员完全能够熟练地变速，而不需要动脑筋去想自己该怎么做。这一过程已经变成了他的肌肉记忆，他完全可以凭着直觉进行操作。肌肉记忆与程序性记忆有关。程序性记忆是一种无意识的长期记忆，它能帮助我们用最少的注意力完成特定的任务，而且，我们可以在无意识的情况下自动获取程序性记忆。

综合应用

虽然许多传统的愤怒管理方法都毫无成效可言，但有一个方法至今仍然无可指摘，这就是恐惧管理法。这一方法提醒我们，恐惧会阻碍我们思考。在我们的意志力武器库中，有一个强大的武器，就是通过深呼吸来让自己暂时停止一切动作，让自己先平静下来。这样做之所以有效，主要有两个原因：从生理上说，人的意志力是有生物学基础的，缓慢地深呼吸会激活前额皮质区域，也就是负责进行思考的大脑区域。执法人员和军人会利用呼吸控制法对抗压力，因为这样做有助于控制交感神经系统。在生死攸关的情况下，连续几次深呼吸可以帮助人们更清晰地思考，更有效地工作。[5]

第二个原因和前面提到的面部反馈假说有关。微笑（具体我们稍后再做解释）和深呼吸传递给大脑的信息是：目前不存在威胁。我们不但可以放松，而且事实上已经放松下来了。一种和先前不协调的表情或反应，会迫使负责思考的大脑区域重新运转，搞明白彼此存在冲突的各种情绪为何会同时出现。这是因为，“外在唤醒了内在”，我们的情绪状态会与行为状态保持一致，而不是相反。

现在，我们将把所有心理作用和生理作用合并到一个简单的规约中。无论你是正在思考某一种让你生气的情境，还是你正处于一种容易引发愤怒或恐惧的情境中，不妨试试同时做以下几件事：保持微笑，进行深呼吸，把注意力转移到呼吸上；放松下巴，让你的肩膀下沉，只专注于你的呼吸。这样就可以了。（你只需要微微一笑即可，不必笑得很夸张——因为如果你正身处某个场合，那么你肯定不想让别人误会你在沾沾自喜或轻视他们。）当一个人感到焦虑或生气的时候，他可能会强迫自己微笑或深呼吸，让自己平静下来，而同时微笑并进行深呼吸，会产生一加一大于二的效果。两者的结合会产生一种魔力：我们几乎能立马回忆起曾经那些我们同时微笑和（深）呼吸的场景，这些场景让我们感到平静、愉悦，并促使我们快速进入并保持这样一种情绪状态。

需要强调的一点是，应该把注意力集中在我们的呼吸上，注意空气是如何充满我们的肺部，然后再慢慢地、缓缓地吐气。

通常来说，一个引发怒火的想法或情境，会让我们的注意力受限，仅仅集中于那个引起我们不满的根源，而将意识带入我们的呼吸中，会立即打断这种思绪，并阻止它继续发酵、膨胀。在一开始，这可能需要一些练习，但很快你就会开始自动反应。当一个不受欢迎的想法突然从你的脑中冒出来的时候，或者当你发现自己的情绪变得不稳定的时候，你的生理机能就会迅速接管一切，并把你从愤怒的枷锁中解放出来。

在把一切该说的都说了，一切该做的都做了之后（或者更理想的情况是，在一切都还没说，一切都还没做的时候），在最难熬的时刻已经过去，我们克服了发怒的冲动的时候，我们应该为自己的成功感到欣慰。“我再也不会轻易动怒了，这不是很好吗？”当你选择保持冷静（或至少成功地控制了自己的情绪）的时候，试着感受那种快乐。这不是为了庆祝胜利而庆祝胜利。快乐的情绪会给自我控制的行为注入一种积极的情感能量，使我们充满活力，并让我们全新的、经过改良的大脑神经网络生机勃勃。

规约：第 2 层级——如果你能思考，那么在你和自己对话时该说些什么

现实一点儿，诚实一点儿。你在盛怒之下对自己说的话，会改变你的情绪状态和随后的反应。你必须置身于真实的世界

中，因为任何谎言都会分散你的能量，把你带进虚假的世界、“自我”的家园。因此，你不能强迫自己去想：我很平静，我不在乎。你所做的一切都是在欺骗自己，这是肯定性话语的一个缺点。虽然它们确实是有力的工具，但当我们处于消极状态时，背诵积极肯定的语句实际上会起到反作用，因为这样做等于赋予谎言能量。在压抑自己的感受，否认内心的痛苦时，我们就不完整了。如果感到愤怒，我们就必须承认这一点。但具体是我们的哪一部分在动怒呢？是“自我”还是灵魂？我们感到愤怒，但感到愤怒的不是真正的自己，而是虚假的自我。为了保持真实的自己，同时把自己从消极的感觉中抽离出来，我们应该承认：我的“自我”受到了伤害。我的“自我”留下了伤痕。不要忽视痛苦，花点儿时间提醒自己，感到痛苦的不是你的灵魂，而是你虚假的自我。然后诚实、亲切地问自己：“我有什么需求没有得到满足？”或者，“我在害怕什么？”要知道，愤怒和恐惧是交织在一起的，所以，如果你能找到潜伏于内心深处的恐惧，你就可以控制自己的情绪了。记住，愤怒就像一张面具，它掩盖了那些“自我”认为带来了太多痛苦，因此不想承认的情绪——内疚、不安全感、嫉妒、尴尬、焦虑、无价值感、空虚感等。接着，不妨继续和自己对话：“我现在的目标是什么？”“我现在能控制什么？”“我能说些什么或做些什么来找到解决办法或改善情况呢？”即使自我反省没有给你带来新的领悟，这个过程也是有好处的，因为当我们开始审视恐惧时，恐惧就开始消散了。

等一下，救星来了！

研究表明，即使在高压力的情境中，人体系统处理愤怒或恐惧情绪的时间也不会超过90秒。这就意味着，我们可以在最考验我们的情境中抵抗生理因素的影响，重新达到一种完全理性的状态。吉尔·博尔特·泰勒在《左脑中风　右脑开悟》中写道：

> 虽然有一些大脑边缘系统（情感）程序可以自动被触发，但其中一个程序只需不到90秒的时间就能被触发，由此产生的化学物质在我们的身体里涌动，然后又从我们的血液中被完全排出。例如，愤怒的反应就是一种可以被自动触发的程序化反应。愤怒一旦被触发，大脑所释放的化学物质就会在身体里涌动，我们就获得了一种生理性的体验。在被触发后的90秒内，引发怒火的化学成分就会完全从我们的血液中消失，这种无意识反应也就结束了。然而，如果我们在那90秒过去后仍然生气，那么是因为我们选择让那条神经回路继续运行。每时每刻，我们都在做出选择，要么连接那条神经回路，要么回到当下，让那种转瞬即逝

的生理反应消失。[6]

无论我们最初的反应在多大程度上是由本能导致的，这种情绪只有 90 秒的时间作用于我们的神经系统。只有通过认知强化，我们才会让它继续发挥作用。这种认知强化指的是让自己去相信一个不可能的谎言：我们可以通过失去控制来重新获得控制。

27

感恩的重要性

前面已经解释了大脑是如何建立神经网络来强化情感反应的。为了最大限度地控制愤怒，我们需要为平静感和控制感提供支持，并与之保持一致的周边神经网络。让我们用一个现实生活中的例子来打个比方。如果一个人的腿部神经受到了损害，因而相应的肌肉无法接收到收缩和扩张的信号，导致此人无法走路，那么他也并不是毫无希望。一些疗法可以帮助这位病人强化受损神经周围的肌肉，以弥补其虚弱的肌肉。为了使大脑产生变化，我们可以积极参与建立共享神经网络的行为，激活相应的神经元，并使树突得到强化。在所有的神经通路中，有一种通路的作用最为突出，那就是感恩，只要能将这条通路好好利用起来，我们就能获得最大的回报。

不要期待什么，但要感激一切

感恩给人的身心带来的益处是有据可查的。“和抱怨自己的生活充满烦恼，或者不好不坏的人相比，那些每周坚持写感恩日记的人，锻炼更有规律，更少患病，对未来一周的生活更加乐观。”[1]他们更有可能逐步实现那些具有重要意义的个人目标（学术目标、人际关系目标和健康目标），同时，他们也认为自己的情绪更积极向上，与他人的联系更紧密，对自己的生活更有信心，睡眠时间更长，睡眠质量更好。[2]心理学家亚历克斯·伍德博士在《人格研究期刊》上发表的一项研究表明，感恩还可以降低抑郁症发作的频率，减少持续时间和强度。这是因为给予和感恩（感恩本身就是一种给予——给予感谢）将我们的注意力从自己身上移开。当我们想方设法表达感谢，而不是抱怨个没完没了时（也许抱怨是一种更天然的冲动），我们就瓦解了通向愤怒、沮丧和怨恨的神经网络。

人类的大脑一次只能专注于一个念头。如果我们把注意力集中在让我们感激的事情上，那么在那一刻，我们感到愤怒或不快乐的可能性有多大？这几乎是完全不可能的。感恩不仅仅是用乐观的眼光看待事物。网状激活系统（大脑的过滤机制）位于大脑的底部，它的作用是使我们不被不必要的刺激淹没。我们的目标（在某些情况下，还有我们内心的恐惧）决定了我们认为什么是重要的，以及我们是否无意识地忽略了什么，或者有意识地接受了什么。我们关注的焦点塑造了我们的经历、我们的现实。把什么带入我们的视界之中是由我们自己决定的。例如，在鸡尾酒派对上与人交谈时，另外两个人的谈话更加吸引你。通过转移你的注意力，你可以让你面前的人“沉默下来”，并听到那两个人在说些什么。网状激活系统会锁定我们认为重要的东西，并创建连接通路，提供可能性，在不需要的时候，这些连接通路将一直处于休眠状态。

停止、反思、行动

每天提醒自己我们应该感激什么，想想这一点，把注意力放在拥有的事物上，而不是缺乏的事物上，我们就会觉得自己更有成就了，而事实也是如此。每天花几分钟进行反思，把感激的事物都写下来。可以从你拥有的一切美好事物开始——也许我们常常认为它们是理所当然的：我们的眼睛可以看见，手指可以触摸，我们有食物可以吃，有衣服可以穿。不要想太多，也不要分析你写的东西。不要擦除或划掉你写下来的一切。只要顺着你的思绪，写下你感激的每一件事和每一个人就行了。每天早上花几分钟阅读你的感恩清单。每当你想添上几笔，或者更棒的是，当你并不想这样做的时候，也在这份清单上增添一些新的内容。同时也别忘了，花点儿时间去欣赏那些没有发生或没有出错的事情。当你开始对生活的方方面面感恩时，你就会开始享受这种高质量的生活带来的好处。回顾一下第 8 节，你会发现，感恩和快乐是紧密相连的。只要想想那些认识的人，你就会发现，那些充满感恩之心的人也是快乐的人。相反，那些缺乏感恩之心的人，通常会陷入一个由未实现的期望和无止境的失望构成的恶性循环无法自拔。

此外，你可以考虑把感恩的态度落实到行动中。也就是说，不仅是想着那些让你感恩的事情，而且要像一个感恩的人那样说话和做事。当你这样做的时候，感恩的心态就更容易融入你的性格。每一天，试着记住发生在你身上的 5 件事——你以前可能忽略了这些事情，或不加思考地一笑了之。在回忆每一个片段的间歇，花 7 秒左右的时间来感恩。

下面是另外三种经过验证的策略，这些策略可以助你成为一个懂得感恩的人。此外还有一点也很重要，就是在精神上“后退一步”，每天早上花几分钟反思一下我们是谁，我们为什么而活，以及这一切都是为了什么。这样做有助于将你的思想、感受和行为聚焦于重要的事情上，从而使你能从正确的视角出发，去看待那些让你烦恼的事，还有那些潜在的挫折。

感谢信

找个安静的地方给你特别感激的人写封信。一定要尽可能多地描述这个人对你生活的积极影响。最好是亲自送这封信，而且不要在某个特定的日子——比如生日或周年纪念日。只是在你真正感到感激的时刻把信交给对方，让对方知道你真心实意地感激他。这样做之后，你将看到，这会让对方多么惊喜、多么高兴，而且他一定会对你报之以爱和感激。这有助于强化你自己的感恩之心，从而促使你更频繁地送出感谢信（即使是送给那些很久没有联系的人），并能让你继续欣赏对方和其他人的优秀品质。如果你不太善于写作，那么也不要担心，打电话或面对面的交谈也很有效。

感恩散步

到户外散散步。不管外面是小雨淅沥还是艳阳高照，是寒冷还是温暖，做好准备，然后出发。当你散步的时候，留心欣赏一下户外美丽的景色：耀眼的阳光、湿漉漉的草地、大自然的声音、明媚的蓝天。如果是晚上，不妨抬头看看广袤深邃的夜空。花点儿时间感受那无与伦比的开阔视角，体验自我的卑微——和浩瀚宇宙中数不清的星系相比，人类是多么渺小。

当你继续往前走时，想想出现在你生命中的所有美好事物，以及你有机会感激所有这些美好的事物又是多么幸运。现在，请你迈着轻快的步伐，注意你的心跳速率、手臂的摆幅，以及双脚是否以稳定的速度着地，呼吸是否稳定而快速（呼吸这一强大的生理功能能改善我们的情绪状态）。现在，走慢一些。在回家的路上，花点儿时间思考一下你是谁——你是一个花时间去感谢自己所拥有的一切的人，你是一个心怀感恩的人。

感恩素材库

将拼贴画或各种图片、照片，以及有关感恩的名言放在一起，做一个素材库。每周或每天添上一张能让你泛起笑容的照片，或者一张能让你产生敬畏感或感恩之心的照片（这不应该是一件苦差事）。这张照片的内容可以是宁静的自然风光，也可以是一只鲜艳的蝴蝶、一朵漂亮的花、你的孩子、你深爱的配偶、你年迈的祖母、你热忱的导师，或者一个难忘的假期、一次家庭聚会，还可以是最近的庆祝活动。在你收集了 50~100 份照片、图片、名人名言、随笔和随意的涂鸦之作后，把它们随机粘贴到一张大海报上。把这张海报挂在一个你能看到的地方，它会每天提醒你生活中所有美好的事物。

享乐适应理论指的是，我们会逐渐对生活中的一切美好的事物习以为常，将其视为理所当然。当这种情况发生时，我们就不再关注这些美好的事物了。随着时间的流逝，我们从中获得的满足感会越来越少。当获得某种新事物时，我们会暂时感到快乐，这不是因为它有非凡的内在价值，多么美丽或多么实用，而是因为我们关注它、欣赏它。研究证明了这一点：欣赏能够带来快乐。即便我们已经拥有了快乐所需要的一切美好事物，但如果我们不去关注它们、欣赏它们，我们就不能从中得到任何快乐。要想成为一个更加感恩，因而也更加快乐的人，我们需要把注意力转移到已拥有的东西上，而不是我们未能拥有的事物。

有句格言说得好：失去了之后，你才懂得珍惜。这并不仅仅是一句俏皮话，而是一个不辩自明的真理。当你失去了有价值的东西后，你的注意力就会转移到这样东西上，你就会想起它曾经带给你的快乐。然而，具有讽刺意味的是，如果我们在仍然拥有它时忽视了它，那么失去它所带来的痛苦，将远远胜过它曾经给我们带来的快乐。

如果你的注意力集中在已经失去的事物和不美好的东西上，那么即便你被世界上所有的好运、财富和美好事物包围，你也永远找不到幸福。你的关注点塑造了你的思想，你的思想塑造了你的情绪。专注于积极的一面，你就会成为一个充满快乐的、懂得感恩的人；而专注于消极的一面，你就会成为一个不快乐的、悲观的人。这一切都取决于你的选择。你是打算怀着一颗感恩之心生活呢？还是打算贪得无厌，得陇望蜀地过日子呢？

专注的力量也会在我们身边的人身上发挥作用，这要拜之前我们所说的网状活动调节系统所赐。大量研究证明了一个大部分人已经从自己的生活经历中学到的道理：即使双方之间并没有任何交流，一个人也能凭直觉感觉到我们是否喜欢他。当你和一个能把你最坏的一面带出来的人交谈时，如果你能尽量关注他的优点，他就能觉察到你喜欢他。于是，他也会喜欢上你。本杰明·富兰克林曾经说过："你应该试着去看别人的优点，并看到自己的缺点。"亚伯拉罕·林肯的话也同样精彩："正因为我不喜欢那个人，所以我必须多了解他一点儿。"如果我们一心想要寻找别人身上的优点，那么我们一定会找到的。

一个积极的习惯

你也许可以说，我们不能控制这个世界，甚至不能控制我们的一些行为。但是我们的思想呢？为什么我们会选择关注那些使我们深受困扰的事物，而不是那些让我们充满激情和活力的事物呢？一句话：习惯。

当我们发现自己陷入无用的沉思时，及时打断它是有好处的。回想一下模式干预这种特定的行为，它会打断我们的思绪，使我们从消极的循环中摆脱。重新训练我们的大脑，使其专注于所有美好的事物，摆脱沉溺于消极事物的坏习惯，这是非常有益的。要知道，这种坏习惯是很多人都有的，它会强化负面的神经网络。我们不能奢望控制大脑中出现的第一个想法，但是我们可以决定为这个想法提供多少能量来滋养它，使它继续生长。我们是专注于这个想法，还是将注意力转移到其他事物上去呢？奇怪的是，我们有时可能会主动选择折磨自己，重温痛苦的记忆，专注于所有的错误，而不是欣赏我们已经走了多远，欣赏我们拥有的一切，并聚焦于未来的目标。

28

揭穿愤怒的嘴脸

失望存在于欲望与现实的断层中，现实越是不能满足我们的欲望，我们就越感到失望。三者之间存在这样一个等式：欲望 - 现实 = 失望。然而，有一个因素可以减轻失望：期望。欲望和期望之间的差距越大，我们就越失望。因此，在任何一种情境下，不管我们有什么样的欲望，我们的期望与现实越一致（即我们的期望不高），我们就越不会感到失望。

当一个人得知他所爱的人摔断了肋骨，刺穿了肺，他有可能感到高兴吗？如果几分钟前他得知伤者正在依靠医疗设备维持生命，但现在他知道对方有望完全康复，那么他也许就会感到高兴了。他会为这件事生气吗？不会，与之相反，他的内心会充满感激和快乐，原因是现实已经超出了他的期望（根据我们的推测，可能还有欲望）。

用威廉·莎士比亚的话来说："期待是所有心痛的根源。"期望是"自我"的产物，会产生有害的失望。如果我们学会掌控自己的期望，那么失望就永远不会升级成彻底的愤怒。为了解释这个问题，我们先来区分一下欲望和期望。举个例子，如果一个孩子在学校的表现很差，那么他的父母会感到失望吗？也许会。那么父母会因为孩子表现不佳而生他的气吗？这完全取决于父母对孩子的期望，以及他们是否愿意接受孩子的局限性。如果孩子患有学习障碍症，而父母接受了这一现实，那么他们就不会生气了。然而，如果父母对孩子的缺陷视而不见，那么孩子糟糕的成绩只会不断地提醒他们，这就是现实，这是一个父母拒绝面对的现实。在这种情况下，孩子的成绩就成了家长生气和沮丧的原因。当现实按照我们的期望发展时，即使它没有满足我们的欲望，我们的情感状态也不会被"自我"腐化。只要接受现实，无论遭遇了什么，我们都不会生气。不妨回顾一下，我们在第3节中讨论过，悲伤可以分成4个阶段：否定、愤怒、沮丧和接受。我们不能对我们所拒绝接受的东西抱有期望。

管理我们的期望

当现实满足或超过我们的期望时，"自我"就失去了动力。因为……来点儿击鼓声吧……我们并没有感到害怕。愤怒源于恐惧，这点非常重要。当生活没有达到我们的期望时，当现实让我们大吃一惊时，我们就会生气。“自我”不喜欢这些令人不快的意外事件，因为它需要感觉一切都在它的控制之中。

让我们深入地研究一下人的心理机制。如果别人的车跟你的车追尾了，你可能会感到震惊、愤怒，这是可以理解的。但是，如果你那天早上就已经知道，在当天的晚些时候会发生这样的事情，那么，当那一刻到来的时候，你也许会感到心神不定，但不会那么惊讶，也不会那么生气，甚至可能一点儿也不生气。理解这一点至关重要，我们感到愤怒是因为情况失控了——一件不仅不受欢迎，而且出乎意料的事真的发生了。通过调整我们的期望，我们自动消除了“惊讶”这个因素，无论在何种情况之下。再举一个温和一点儿的例子：一个同事突然从你的办公桌后跳了出来，你吓了一跳，还有点儿生气。然而，如果你事先知道他藏在哪里，他想干什么，你就不会害怕，也就不会生气了。

在这些假设的情境中，如果我们事先知情的话，我们就不会那么生气，这涉及以下几个重要因素：（1）我们的震惊和失控的感觉降低了，因为我们已经预知了情况。“我们必须是对的！”这一期望得到了满足，给我们带来了一定的安慰，让我们不再对不愉快的现实感到恐惧或不安。（2）假如没有“恐惧”这个因素，我们就可以在一个相对平静的空间里更客观地处理这一即将发生的事件。我们也能看到做出愤怒反应的荒谬本质，并提前管理好自己的情绪。（3）用阿尔伯特·爱因斯坦的话来说："机会就隐藏在重重困难之中。"我们有充裕的时间在更广阔的背景下重新构建这段体验，并从中找到意义，或许还能找出将它加以利用的方法，把它变成一个机会。而如果事发突然，我们是不会产生这样的想法的。

看看愤怒情绪是如何被触发的

我们无法预测（更不用说想象）每一个引发愤怒的具体情境。但这些让我们生气的情境，以及让我们生气的人，的确有一些共同的规律可循。即使一而再，再而三地为同样的事情，对同样的人生气，"自我"仍然表现得像是遇到我们意想不到的，仿佛是特意针对我们的新情况似的。这点真是太奇怪了，简直可以说是荒谬。拒绝承认这个过程就像生活在虚幻世界中一样。这并不是真的。未实现的期望只不过是事先预谋的怨恨而已。你可能会问："为什么在日复一日、年复一年地经历了这么多'意外事件'之后，我们仍然没有自然而然地调整自己的预期呢?"这是一个很好的问题。去问你的"自我"吧。

如果天气预报预测即将下暴风雪，而你却计划去海滩野餐，那么你显然并没有生活在现实世界中，你正在让自己陷入彻底的沮丧和失望之中。聪明的人会安排别的活动，比如滑雪。当然，天气预报未必准确，那天可能只下了一层薄薄的雪，所以你的滑雪之旅可能会被取消。但那也还好，至少你出门时戴着围巾和手套，而不是带着防晒霜和人字拖。

这并不是要求人们预测现实，而是说我们应该生活在现实中。以下这些才是相对准确、可以保证的：今天的天气预报；今天将是不完美的一天；你是一个不完美的人，过着不完美的生活；今天会出现在你生命中的事物也不完美。这些其实都没关系。事实上，这一切已经很好了。这是一个绝佳的机会，它将让你的情感变得更有弹性，让你的自我控制力和自尊心变得更强。这是一个向世界展示你可以控制自我的机会，并且在这个过程中，你还可以改善人生的方方面面，改善你的人际关系。

今天，我们可能会觉得别人不尊重我们——有人在超市或高速公路上插队到你前面，或者我们的电话或电子邮件被忽视了。今天，我们可能会感到尴尬，或者有人会对我们大喊大叫。今天，我们可能会感到受伤、无助，或者两者兼而有之。今天，我们可能会觉得自己遭到了排斥，或者感到孤独、悲伤，或者三者兼而有之。今天，有的人可能会做一些毫无意义的事情——一些完全不合逻辑和非理性的事情。做好心理准备吧。今天，有的人可能想要占我们的便宜或者侮辱我们。我们可能会亲眼看到不公正的现象。有的人也许给我们带来了不便，导致我们设定的目标不得不更改。我们可能会意识到，自己或爱人有不讨人喜欢的地方，对方的行为可能会让我们质疑双方的关系或者我们自己。我们可能会觉得不自在，或者觉得自己不受欢迎。

再次强调一下，这不是在期待最坏的结果，也不是在等待另一只鞋掉下来。相反，我想引用一句经常被人们引用的格言："抱最好的希望，做最坏的打算。"而制订计划意味着，我们知道鞋子每天会以不同的方式掉下来很多次，我们可能会为此感到惊讶、生气。或者，每一次鞋子掉下来时，我们都可以将其视为一个改善我们情感健康，改变我们性格的机会。

29

成功制怒，一较高下

摆脱愤怒必须是你的首要任务。不要把这当成一种业余爱好，只在你受到鼓舞或者在你方便的时候才尝试摆脱愤怒。大脑中的不同神经网络始终在相互竞争，所以你需要战胜那个让你容易生气的神经网络，更频繁、更强烈、更持久地激活新的反应。为了帮助我们前进，我们需要追踪自己的进步，因为如果你无法测量它，你就无法改变它。此外，研究表明，记录和回顾你的行为具有多方面的好处。例如，那些坚持写饮食日志的节食者在6个月中减掉的体重，是那些不写日志的节食者的2倍。而随访研究得出的结论是,后者通常也未能阻止体重反弹。把一切都记下来能激励节食者少吃一些东西，也能让他们更难忽视自己的疏忽。[1]记日记或者记录摆脱愤怒的过程，是一种将注意力从单一行为模式转移到整体行为模式的方法。如果能看到书面证据，你就更容易继续进步。因为当你感到沮丧的时候，你的记忆会带有一种偏见，让你难以回忆起那些成功的片段。此外，跟踪你的进展可以让你随时调整策略，因为你可以一目了然地看到，哪些方法奏效了，哪些方法未能奏效。虽然目标始终如一，但你采用的方法却可以是灵活多变的。

首先，我们需要有一个明确的目标，并把它写下来。因为，你有动力并不意味着你有一个清晰的目标。把你想要做的事情明确下来可以帮助你专注于相关的活动，避免偏离你的目标。事实上，研究发现，如果一个人下定决心去做某件事，那么他成功的可能性平均是其他人的 10 倍。[2] 此外，如果你把承诺写下来，不断回顾你写下的话，并在一天中多次大声说出你对目标的承诺，那么你做出的承诺就会更有力量，你实现目标的可能性会增加约 42%。每周把你的最新进展发送给你的朋友，可以使你的成功率再提高 1 倍。[3]

其次，成功摆脱愤怒的一个前提是，在一段特定的时间内，不再反复考虑自己是否要以某种方式宣泄怒气。每当你考虑“这是该生气的时候吗?”的时候，宝贵的能量就会一点点地流失。当然，有些人会说，以适当的方式释放怒气也许并没有什么不妥。公平地说，许多研究结果支持这一观点。然而，就我们的目的而言，是否如此并不重要。这就是为什么在本书中，我们一直在从绝对意义出发谈论愤怒。第 5 节中谈到，积极正面的情绪有助于激励我们选择正确的方向和正确的行为，但只有我们透过理智的视角看问题，积极情绪才会发挥其作用。假设在 1% 的情况下，我们的愤怒反应是正确的，可是，在情绪激动的时候，我们是无法做出理智判断的。我们会认为，在 99% 的情况下都有必要生气。选择保持冷静，有可能是你在认为确实有必要发怒之后才得出的结论吗？也许是这样的。但你难道不希望在 99% 的情况下都是对的，而不是只在 1% 的情况下是对的吗？通过化解怒气，我们更倾向于重新定义形势，寻求解决方案，而不是专注于问题本身。所罗门王教导我们说：“不要急躁恼怒，因为恼怒存在于愚昧人的心怀中。”[4] 对此，有评论者这样解释：“蠢人的怒气很容易获得，而智者把怒气存放在无法触及的地方，所以当他获得怒气的时候，他已经让自己冷静下来了。”因此，为了强化积极的神经网络，不管你的感觉如何，你都需要无条件地克制自己的怒火。

有一个固定的时间框架也是很有帮助的，因为你会把正面结果看成一种收获，不会因为没能彻底控制发怒这一行为而认为自己是一个失败者。让自己 24 小时内不发怒也好，让自己 5 分钟内不发怒也好，一定要设定一个切实的目标。愤怒有 5 大可测量的构成要素：发生频率、持续时间、强度、触发因素和表达方式。你可以用任何喜欢的方式把这些都记录下来。再说一遍，记下你所取得的进展将带来巨大的力量，不要低估这一点。

· 发生频率：你多久会发一次火？每小时都会发火吗？每天都发火吗？也许你一天发好几次火，然后好几天都不发火。记录下你生气的次数。

· 持续时间：你生气的时间会持续多久？注意一下，你花了多长时间来找回自己，以摆脱这种糟糕的状态。

· 强度：这有些难以测量，但一旦你开始把具体情况记录下来，你就更能意识到你有多生气。使用从 1 分到 5 分的评分标准，可以帮助你量化自己的情绪。

· 触发因素：总有一些特定的情况更容易激发我们的怒气。你应该评估一下具体情况，问问自己，这个愤怒催化剂具体是什么？也许结果会让你惊讶。另外，花点儿时间找出潜在的恐惧根源，以便克服它（可以运用第 26 节提到的方法）。

· 表达方式：在盛怒之下你做了什么？不是所有人都会做出同样的反应。如果你倾向于压抑自己的感觉，你会选择更坦然、更诚实地表达自己的想法吗？如果你经常大怒，你是否能够控制自己，冷静地抽身而出呢？

说到愤怒的表达方式，我们已经确定了三种不同层次的愤怒：（1）一时感到愤怒，（2）由于愤怒而表现出攻击性，（3）由于未曾释怀的怒气而心生怨恨。最理想的情况当然是以一个开阔的视角去看待问题，这会使你陷入“自我”这张网中无法自拔的情形变得越来越少。不过，如果你在当时无法让自己不生气，那么你可以试着抑制自己的怒气，这样你也能有所进步。很多时候，盛怒之下，我们的言行也许会让我们感到更加尴尬或更加羞愧，于是我们的怒火越烧越旺，愤怒变成了狂怒。我们迷失在了自己的负面情绪之中，无法接受刚才所做的事，因为这对我们来说太痛苦了——而这完全是对另外一件事所做出的反应。“自我”进入了一种求生模式，一次又一次地加码。在这种情况下，我们的底线就是采取所有必要的手段来避免自己陷入狂怒（愤怒的一种失控的表达）。

不管你此时此刻有什么样的想法和行为，试着将往事一笔勾销，摆脱挥之不去的怨恨、内疚或羞愧。如果你想让自己再也不生气，这将是目的明确、卓有成效的第一步。正如我们所提到的，承担责任并不是苛求完美。当发现自己裹足不前的时候，当做错事想要弥补错误、走出阴霾的时候，我们就该勇敢地承担责任。

你再也不会生气了，高兴起来吧

成功的人生离不开一个要素：快乐！快乐激励我们做出决定——我们再也不生气了。你有充分的理由为此感到高兴，因为你没有放弃任何东西，也没有失去任何东西。相反，你获得了各种各样的好处：你最大限度地发挥了潜力，实现了你的梦想，成了一个更快乐、更健康的人，并且能够欣赏生活给你带来的一切美好。

后记

尽管我们所做的选择对情绪有很大影响，但严重的精神问题，包括愤怒，也可能是由严重的创伤或遗传因素造成的。这种精神状态会严重影响一个人的基本生活，使他的想法和行为出现偏差，就像有些人的身体有残疾一样。有些人的情感受到了损伤，这并不是他们自己的错，他们的情感出现问题不是他们自己选择的，也不是他们自己引起的。给他们贴上懒惰或自私的标签是不对的，这种行为应该受到谴责。事实证明，本书提到的若干方法和策略，能够改变许多人的生活。但对一部分人来说，也许寻求心理健康专家的直接指导，对他们更加有益。

我们的自由意志会在何时显现出来呢？这仍然是哲学、心理学和生物学等领域中备受争论的焦点问题之一。但是，当我们做出愿意承担责任的明智决定时，变化就会开始出现，这是无可争议的。因为这意味着我们把“自我”抛在一旁，寻求所有帮助，以便重新掌控自己的生活。

致 谢

这是我在圣马丁出版社出版的第六本书，能再次和这家出类拔萃的出版社合作，我感到非常荣幸。非常感谢我有幸与之共事的杰出专业人士所做的大量工作。首先，非常感谢我的编辑丹妮拉·拉普，感谢她敏锐的洞察力和周到的建议。她的耐心甚至超过了她优秀的专业水平。特别感谢圣马丁出版社的执行副总裁、出版人詹妮弗·恩德林对工作充满热情，对我的作品充满兴趣，非常感谢她。

真诚感谢帕特丽夏·威尔迪戈和托瓦·扎尔布的编辑工作和完美建议。非常感谢索菲亚·登布林全面、仔细的审稿。此外，我要特别感谢大卫·本德科斯基对我的鼓励，也特别感谢劳伦·雅布伦斯基做的令人愉快、熟练高效的联系和协调工作。

此外，我想向出版社制作、宣传、营销、广告、美术、销售等各部门的专业人才，表示热烈而真诚的感谢。虽然你们为这本书所做的努力才刚刚开始，但你们已经让我之前出版的两本书登上了《纽约时报》畅销书排行榜，并帮助我开创了我的事业，而我的工作已经给美国乃至全世界数百万人的生活带来了深远影响。感谢你们所做的一切，以及即将付出的努力。

在此，我要感谢那些多年来一直委托我，让我引导他们，帮助他们走上情感健康之路的人。我从你们所有人身上学到了很多，你们的力量、勇气和决心让我深感敬佩。

感谢我杰出的父母，感谢你们塑造了我良好的性格。感谢我亲爱的妻子，谢谢你扮演“我的妻子”这个角色。我还要感谢我的孩子们，你们都很出色、优秀，谢谢你们。是你们让这一切成为可能并变得有价值。我谦卑地感谢上帝，感谢他的诸般祝福，感谢他无与伦比的善良和仁慈，是他赋予我力量，让我能够完成这部作品。

尾 注

第一章　你这么生气到底是为什么

01　全面的视角是如何形成的

1. See M. Scott Peck, *The Road Less Traveled: A New Psychology of Love, Traditional Values and Spiritual Growth* (New York: Simon & Schuster, 1978), 17–19. See Roy F. Baumeister, Todd F. Heatherton, and Dianne M. Tice, *Losing Control: How and Why People Fail at Self-Regulation* (California: Academic Press, 1994). Also see Christopher Peterson and Martin E. P. Seligman, *Character Strengths and Virtues: A Handbook and Classification* (Oxford, UK: Oxford University Press, 2004).
2. In Proverbs 26:13, King Solomon wrote, "The sluggard says, 'There is a lion outside! I shall be slain in the streets!' " One might think that the coward would make such a declaration, but the wisest of men teaches us that, rather than accepting the pain and stigma of laziness, we invent fears to justify our inaction. He further explains, "The sluggard [is] wiser in his own conceit than seven men that can render a reason" (Proverbs 26:16), because his warped perception has become so ingrained that he cannot be convinced otherwise. (Laziness is not confined to physical exertion, but to the reluctance to exert effort of any type, including, most certainly, emotionally and cognitively).

02 生自己的气，生全世界的气

1. William Glasser, *Reality Therapy* (New York: Harper & Row, 1965).
2. Drew Westen, Pavel Blagov, Keith Harenski, et al., "Neural Bases of Motivated Reasoning: An fMRI Study of Emotional Constraints on Partisan Political Judgment in the 2004 U.S. Presidential Election," *Journal of Cognitive Neuroscience* 18, no. 11 (2006): 1947–1958.
3. Elliot Aronson, Timothy D. Wilson, Robert M. Akert, Samuel R. Sommers, *Social Psychology*, 9th edition (New Jersey, Pearson Education, 2015), 11.
4. Robert Fritz, *The Path of Least Resistance: Learning to Become the Creative Force in Our Own Life* (New York: Fawcett Columbine, 1989), 140.
5. Ecclesiastes 5:9.

03 与自己隔离，与他人隔绝

1. Abraham J. Twerski, *A Formula for Proper Living: Practical Lessons from Life and Torah* (Jewish Lights Publishing, 2009).
2. See Martin L. Hoffman, "Toward a Comprehensive Empathy-Based Theory of Prosocial Moral Development" (2001), in Arthur C. Bohart and D. J. Stipek, eds., *Constructive and Destructive Behavior: Implications for Family, School, and Society.*
3. See W. Keith Campbell, Eric A. Rudich, and Constantine Sedikides, "Narcissism, Self-Esteem, and the Positivity of Self-Views: Two Portraits of Self Love," *Personality and Social Psychology Bulletin*, 358–368, http://psp.sagepub.com/content/28/3/358.short (accessed on August 30, 2016).
4. Seth Rosenthal, "The Fine Line Between Confidence and Arrogance: Investigating the Relationship of Self-esteem to Narcissism," *Dissertation Abstracts International,* 66 (5-B) (2005): 2868.
5. Wade C. Rowatt, Christie Powers, Valerie Targhetta, et al., "Development and Initial Validation of an Implicit Measure of Humility Relative to Arrogance," *Journal of Positive Psychology* 1, no. 2 (2006): 198–211.

04 振作起来，直面现实

1. The scenario follows interpersonal relationships, and Part IV expands

the discussion to the other primary source of anger—the universe. Whether our plans are thwarted or hardships encountered, it is too easy to feel that we are being rejected by God because we are not worthy of happiness and success.

2. When the threat is not real, as in the case of a horror movie or haunted house, the fight or flight mechanism is still active to the degree that we suspend belief. However, as noted, we do not become angry because we remain in control. Therefore, in real-life scenarios, whenever our imagination gets the better of us, remind yourself that you are safe and in control, and follow the protocol in Chapter 27.

   It will not happen automatically because your neural network has been habituated to responding to false alarms—becoming frightened even when we know the fear is not real. But, in a short time, you can create a different, dominant network that will override the fear-based one. The method is akin to desensitization or exposure therapy, a highly effective treatment for a range of phobic and anxiety disorders, that helps the sufferer process the situation logically and rationally, rather than emotionally.

第二章　活着的成本，逃避的代价

05　聪明人为什么会做傻事

1. Antonio Damasio, *Descartes' Error: Emotion, Reason, and the Human Brain* (New York: Putnam, 1994), 193.
2. Ibid., 194.
3. Walter Mischel, Yuichi Shoda, and Philip K. Peake, "The Nature of Adolescent Competencies Predicted by Preschool Delay of Gratification," *Journal of Personality and Social Psychology* 54, no. 4 (1988): 687–696.
4. Peterson and Seligman, *Character Strengths and Virtues.* Deficiencies in self-regulation have also been linked to a broad spectrum of personal and social issues, including addiction, substance abuse, debt and bankruptcy, smoking, and obesity. See Roy H. Baumeister, Todd F. Heatherton, and Dianne M. Tice, *Losing Control: How and Why People Fail at Self-Regulation* (San Diego, CA: Academic Press, 1994).
5. G. Alan Marlatt and Judith R. Gordon eds., *Relapse Prevention:*

Maintenance Strategies in the Treatment of Addictive Behaviors (New York: Guilford Press, 1985). Rajita Sinha, "Modeling Stress and Drug Craving in the Laboratory: Implications for Addiction Treatment Development," *Addiction Biology* 14, no. 1 (2009): 84–98.

6. Todd F. Heatherton and Dylan D. Wagner, *Cognitive Neuroscience of Self-Regulation Failure* (publication forthcoming), http://www.ncbi.nlm.nih.gov/pmc/articles/PMC3062191/
7. Craig A. Anderson and Brad J. Bushman, "Human Aggression," *Annual Review of Psychology* 53 (2002): 27–51.
8. Sabrina D. Bruyneel, Siegfried Dewitte, Philip Hans Franses, and Marnik G. Dekimpe, "I Felt Low and My Purse Feels Light: Depleting Mood Regulation Attempts Affect Risk Decision Making," *Journal of Behavioral Decision Making* 22, no. 2 (2009): 153–170.
9. Leah H. Somerville, Rebecca M. Jones, and B. J. Casey, "A Time of Change: Behavioral and Neural Correlates of Adolescent Sensitivity to Appetitive and Aversive Environmental Cues," *Brain and Cognition* 72, no. 1 (2010): 124–133.
10. Viktoriya Magid, Craig R. Colder, Laura R. Stroud, et al., "Negative Affect, Stress, and Smoking in College Students: Unique Associations Independent of Alcohol and Marijuana Use," *Addictive Behavior* 34, no. 11 (2009): 973–975.
11. Rajita Sinha, "The Role of Stress on Addiction Relapse," *Current Psychiatry Reports* 9, no. 5 (2007): 388–395. Katie Witkiewitz and Nadia Aracelliz Villarroel, "Dynamic Association Between Negative Affect and Alcohol Lapses Following Alcohol Treatment," PubMed article (2009), http://www.ncbi.nlm.nih.gov/pubmed/19634957 (accessed on August 30, 2016).
12. Todd F. Heatherton, C. Peter Herman, and Janet Polivy, "Effects of Physical Threat and Ego Threat on Eating Behavior," *Journal of Personality and Social Psychology* 60, no. 1 (1991): 138–143. Michael Macht, "How Emotions Affect Eating: A Five-Way Model," *Appetite* 50, no. 1 (2008): 1–11.
13. Sherry A. McKee, Rajita Sinha, Andrea H. Weinberger, et al., "Stress Decreases the Ability to Resist Smoking and Potentiates Smoking Intensity and Reward," *Journal of Psychopharmacology* (2011). DOI: 10.1177/0269881110376694.

06 至死方休的战斗

1. "Self-Reliance," *Essays: First Series*, 1841. Ralph Waldo Emerson (1803–1882) was an American essayist, lecturer, and poet.
2. The impact of our choice carries forward. Once we commit to something, we use *adaptive self-serving biases* to support our decision. For example, after we buy a certain product, we'll be more likely to notice evidence that confirms we made the right choice.
3. Nathaniel Branden, *The Power of Self Esteem* (Florida: HCI, 1992), 14–15.

07 现实不会改变

1. David J. Levitin, "Why the Modern World is Bad for Your Brain," *The Guardian* (2015). https://www.theguardian.com/science/2015/jan/18/modern-world-bad-for-brain-daniel-j-levitin-organized-mind-information-overload
2. Adrita Arefin, "Teens and Tech: Preventing Technology Addiction," *FCD Educational Services Prevention Source e-journal* (2013) http://myemail.constantcontact.com/E-Journal—Teens-and-Tech—Preventing-Technology-Addiction.html?soid=1101484057590&aid=tknlYJ025Ko
3. Cited by Stephen S. Ilardi, *The Depression Cure: The 6-Step Program to Beat Depression without Drugs* (Cambridge, MA: Da Capo Press Lifelong, 2009), 6.
4. Michael Argyle, "Causes and Correlates of Happiness," *Well-Being: The Foundations of Hedonic Psychology*, eds. Daniel Kahneman, Ed Diener, and Norbert Schwartz (New York: Russell Sage Foundation, 2000), 353–373.
5. Cited by Ilardi, *The Depression Cure: The 6-Step Program to Beat Depression without Drugs*, 71.
6. Annie Britton and Martin J. Shipley, "Bored to Death," *International Journal of Epidemiology* 39, no. 2 (2010): 323–326.
7. We are painting with a broad brush and should note that depression is a complicated illness that can afflict a person through no fault or failure of their own.
8. Stress and anxiety foster neurosis and false beliefs. "If our brain is

distracted or under pressure, we will tend to believe statements that we would normally find rather dubious . . . even if we were told they were untrue." John A. Bargh, Mark Chen, and Lara Burrows, "Automaticity of Social Behavior: Direct Effects of Trait Construct and Stereotype Activation on Action," *Journal of Personality & Social Psychology* 71, no. 2 (1996): 230–244.
9. Abraham Maslow, *Motivation and Personality* (New York: Harper, 1954), 46.

08 快乐的真正意义，活出意义的快乐

1. Bruno Silvestrini, "Trazodone: From the Mental Pain to the 'Dys-stress' Hypothesis of Depression," *Clinical Neuropharmacology* 12, suppl. 1 (1989): S4–10. PMID 2568177.
2. Psalms 119:92. See also "Happy is the man whom You afflict and teach him Your Bible" (Psalms 94:12).
3. "You have turned my grief into dance. You have loosened my sackcloth and girded me with joy. So that my soul might make music to You and not be stilled, my God, forever will I thank you" (Psalms 30:11–12).
4. Matthias J. Koepp, Roger N. Gunn, Andrew David Lawrence, et al., "Evidence for Striatal Dopamine Release during a Video Game," *Nature* 393, no. 6682 (1998): 266–268.
5. Shawn Achor, *The Happiness Advantage*: *The Seven Principles of Positive Psychology That Fuel Success and Performance at Work* (New York: Crown Business, 2010), 78.

第三章 理解痛苦和磨难

09 痛苦来了

1. "I can feel guilty about the past, apprehensive about the future, but only in the present can I act. The ability to be in the present moment is a major component of mental wellness" (Abraham Maslow).
2. Viktor E. Frankl, *Man's Search for Meaning.*
3. This means we have to look at our present life in the context of our

multiple lives. Without exception, every recognized religion has a tradition of reincarnation. Indeed, it has even been embraced by hard science disciplines. Dr. Brian Leslie Weiss, a psychiatrist specializing in past life regression, brought many of these ideas to the forefront of modern psychology and psychiatry. In Hebrew, it is called *gilgul ha'neshamos*—literally, "the transmigration of souls through a succession of lives"—and it is mentioned in numerous places throughout the classical texts of Jewish mysticism, starting with the preeminent sourcebook of *Kabbalah*, the *Zohar*.

10 为什么坏人总能交好运

1. Carl Gustav Jung, "The Symbolic Life," *Collected Works*, 18.
2. Maslow, *Motivation and Personality*, 46. Unbeknownst to many, in his later years Maslow amended his five-tier model to include a sixth tier, which places self-transcendence as a level higher than self-actualization. He writes, "The self only finds its actualization in giving itself to some higher goal outside oneself, in altruism and spirituality." Maslow, A. H., "The Further Reaches of Human Nature," *Journal of Transpersonal Psychology* (1969): 1–9.

第四章 与过去和解

11 接受的各个层面

1. *Hamlet*, Act I, Scene iii.
2. Arnold Beisser, "Paradoxical Theory of Change," in *Gestalt Therapy Now*, eds. Joen Fagan and Irma Lee Shephard (Palo Alto: Science and Behavior Books, 1970), 77.
3. Proverbs 27:19.

13 幸福的童年永远不会来得太迟

1. As we have explained, those who lack self-esteem cannot easily give and

receive love, but a qualification exists in the parent-child relationship because a parent's innate yearning to connect and give to their child helps foster a genuine love. Alas, in time, the relationship too easily sours as the parent loses control over the child and is ill-equipped to deal with feelings of hurt, rejection, or disrespect.

2. Kathleen A. Lawler, Jarred W. Younger, Rachel L. Piferi, et al., "The Unique Effects of Forgiveness on Health: An Exploration of Pathways," *Journal of Behavioral Medicine* 28. No. 2 (2005): 157.
3. Joseph LeDoux, "Emotion." In *Handbook of Physiology. 1: The Nervous System*, F. Plum, ed. (Bethesda, MD: American Physiological Society, 1987).
4. Everett L. Worthington, Charlotte Van Oyen Witvliet, Pietro Pietrini, et al., "Forgiveness, Health, and Well-being: A Review of Evidence for Emotional Versus Decisional Forgiveness, Dispositional Forgiveness, and Reduced Unforgiveness," *Journal of Behavioral Medicine* 30, no 4 (2007): 291.
5. See Kathleen A. Lawler, Jarred W. Younger, Rachel L. Piferi, et al., "A Change of Heart: Cardiovascular Correlates of Forgiveness in Response to Interpersonal Conflict," *Journal of Behavioral Medicine* 26, no. 5 (2003): 373–393.
6. A year after Benjamin Franklin's death, his autobiography, entitled *Mémoires de la Vie Privée*, was published in Paris in March of 1791.

14 请接受我的道歉

1. See Gerhart Piers and Milton B. Singer, *Shame and Guilt: A Psychoanalytic and Cultural Study* (New York: W.W. Norton & Company, 1971).
2. Mark R. Leary, Eleanor B. Tate, Ashley Batts Allen, et al., "Self-Compassion and Reactions to Unpleasant Self-Relevant Events: The Implications of Treating Oneself Kindly," *Journal of Personality and Social Psychology* 92, no. 5 (2007): 887–904.
3. Paul Gilbert, *The Compassionate Mind: A New Approach to the Challenges of Life* (London: Constable and Robinson, 2009).
4. Paul Gilbert, et al., "Having a Word with Yourself: Neural Correlates of Self-Criticism and Self-Reassurance," *Neuroimage* 49, no. 2 (2010): 1849–1856.
5. Eva Jonas, Jeff Schimel, Jeff Greenberg, et al., "The Scrooge Effect:

Behavior," *Personality and Social Psychology Bulletin* 28, no. 10 (2002): 1342–1353.

第五章　如何活得通透

15　和命运约会

1. See Naomi Mandel and Steven J. Heine, "Terror Management and Marketing: He Who Dies with the Most Toys Wins," *Advances in Consumer Research* 26 (1999): 527–532.

16　让自己出类拔萃

1. Karen Horney, *Our Inner Conflicts: A Constructive Theory of Neurosis* (New York: W.W. Norton & Company, 1945), 155.
2. Roy F. Baumeister and John Tierney, *Willpower: Rediscovering the Greatest Human Strength* (New York: Penguin Press, 2011), 67.

17　避开"拖延"陷阱

1. Functional magnetic resonance imaging (fMRI) has been used to show that the amygdala is stimulated when we make decisions couched in uncertainty. See Benedetto De Martino et al., "Frames, Biases, and Rational Decision-Making in the Human Brain," *Science* 313 (2006): 684–687.

第六章　找回自己，重新划定界限

20　现在就说，否则永远有分歧

1. Dana R. Carney, Amy J.C. Cuddy, and Andy J. Yap, "Review and Summary of Research on the Embodied Effects of Expansive (vs. Contractive) Nonverbal Displays," *Psychological Science* 26, no. 5 (May 2015): 657–663.

2. Pablo Brinol, Richard E. Petty, and Benjamin Wagner, "Body posture effects on self-evaluation: A self-validation approach" *European Journal of Social Psychology* 39 (2009): 1053–1064.
3. Hal R. Arkes, Lisa T. Herren, and Alice M. Isen, "The Role of Potential Loss in the Influence of Affect on Risk-Taking Behavior," *Organizational Behavior and Human Decision Processes* 42, no. 2 (1988): 181–193.
4. See Alyssa Nguyen, *Forgiveness: What's Mood Got to Do with It?* Thesis in Psychology, Humboldt State University, 2008.
5. Sybil Carrère and John Mordechai Gottman, "Predicting Divorce among Newlyweds from the First Three Minutes of a Marital Conflict Discussion," *Family Process* 38, no. 3 (1999): 293–301.

21　和难相处的人搞好关系

1. Douglas W. Nangle, Cynthia A. Erdley, Karen R. Zeff, et al., "Opposites Do Not Attract: Social Status and Behavioral-style Concordances and Discordances Among Children and the Peers Who Like or Dislike Them," *Journal of Abnormal Child Psychology* 32, no. 4 (2004): 425–435.
2. Daniel Goleman, *Working With Emotional Intelligence* (New York: Bantam Books, 2000).

第七章　不生气的高级心理学策略

22　神经可塑性的强大力量

1. Brad J. Bushman, "Does Venting Anger Feed or Extinguish the Flame? Catharsis, Rumination, Distraction, Anger, and Aggressive Responding," *Personality and Social Psychology Bulletin* 28, no. 6 (2001): 724–731, as explained by Carol Tavris and Elliot Aronson, *Mistakes Were Made (But Not By Me): Why We Justify Foolish Beliefs, Bad Decisions, and Hurtful Acts* (Boston: Mariner Books, 2015), 33.
2. See Shahbaz Khan Mallick and Boyd R. McCandless, "A Study of Catharsis of Aggression," *Journal of Personality and Social Psychology* 4, no. 6 (1966): 591–596.
3. Melinda Wenner, "Smile! It Could Make You Happier," *Scientific*

American Mind (September/October 2009): 14–15.
4. Maiai Szalavitz, “Sweet Solace: 10 Mostly Pleasant Truths about Pain,” *Psychology Today* (September/October 2005): 74–80.
5. While the unconscious mind stores every thought, sensation, and experience, the brain is no longer able to readily access those stored memories.
6. Craig H. Bailey and M. Chen, “Morphological Basis for Long-Term Habituation and Sensitization in Aplysia,” *Science* 220, no. 4592 (1983): 91–93.
7. Antonio Pascual-Leone and Fernando Torres, “Plasticity of the Sensorimotor Cortex Representations of the Reading Finger in Braille Readers,” *Brain* 116, no. 1 (1993): 39–52.
8. Proverbs 15:1.

23 改变你的自我概念，改变你的人生

1. Jonathan L. Freedman and Scott C. Fraser, “Compliance without Pressure: The Foot-in-the-Door Technique,” *Journal of Personality and Social Psychology*, 42, no. 2 (1966): 195–202.
2. Research conducted with athletes, including Olympians and professionals, relates that they can actually feel the muscle twinges associated with their actions as they envision themselves executing a variety of tasks. Terry Orlick and John Partington, *Psyched: Inner Views of Winning* (Canada: Coaching Association of Canada, 1986).
3. Guang Yue and Kelly J. Cole, “Strength Increases from the Motor Program: Comparison of Training with Maximal Voluntary and Imagined Muscle Contractions,” *Journal of Neurophysiology* 67, no. 5 (1992): 1114–1123.
4. Roger M. Enoka, “Neural Adaptations with Chronic Physical Activity,” *Journal of Biomechanics* 30, no. 5 (1997): 447–455.
5. Daniel Akst, *We Have Met the Enemy: Self-Control in an Age of Excess* (New York: Penguin Press, 2011), 14.
6. Karen Horney, *Our Inner Conflicts: A Constructive Theory of Neurosis* (New York: W.W. Norton & Company, 1995), 75–76.
7. Mark Muraven and Elisaveta Slessareva, “Mechanisms of Self-Control Failure: Motivation and Limited Resources,” *Personality and Social Psychology Bulletin* 29, no. 7 (2003): 894–906.

8. Brandon J. Schmeichel and Kathleen Vohs, "Self-Affirmation and Self-Control: Affirming Core Values Counteracts Ego Depletion," *Journal of Personality and Social Psychology* 96, no. 4 (2009): 770–782.

24 充分利用身心关联

1. Matthew T. Gailliot, Roy F. Baumeister, C. Nathan DeWall, et al., "Self-Control Relies on Glucose as a Limited Energy Source: Willpower Is More Than a Metaphor," *Journal of Personality and Social Psychology* 92, no. 2 (2007): 325–336.
2. Sang Hyuk Lee, Seung Chan Ahn, Yu Jin Lee, et al., "Effectiveness of a Meditation-Based Stress Management Program as an Adjunct to Pharmacotherapy in Patients with Anxiety Disorder," *Journal of Psychosomatic Research* 62, no. 2 (2007): 189–195.
3. Herbert Benson and Miriam Z. Klipper, *The Relaxation Response* (New York: HarperTorch, 2005), 78–91.
4. Herbert Benson, "The Relaxation Response: Therapeutic Effect," *Science* 278, no. 5344 (1997): 1694–1695.
5. Stuart Appelle and Lawrence E. Oswald, "Simple Reaction Time as a Function of Alertness and Prior Mental Activity," *Perceptual & Motor Skills* 38, no. 3 (1974): 1263–1268. Jagdish K. Dua and Michelle L. Swinden, "Effectiveness of Negative-Thought Reduction, Meditation and Placebo Training Treatment in Reducing Anger," *Scandinavian Journal of Psychology* 33, no. 2 (1992): 135–146.
6. Matthew T. Gailliot and Roy F. Baumeister, "The Physiology of Willpower: Linking Blood Glucose to Self-Control," *Personality and Social Psychology Review* (2007): 303.
7. Matthew T. Gailliot, et al., "Self-Control Relies on Glucose as a Limited Energy Source: Willpower Is More Than a Metaphor," *Journal of Personality and Social Psychology* 92, no. 2 (2007): 325–336.
8. Gretchen Reynolds, "Phys Ed: Can Exercise Moderate Anger?" *The New York Times,* August 11, 2010.
9. Andrew Smyth, Martin O'Donnell, Pablo Lamelas, Koon Teo, Sumathy Rangarajan, Salim Yusuf and on behalf of the INTERHEART Investi-

gators, "Physical Activity and Anger or Emotional Upset as Triggers of Acute Myocardial Infarction," *Circulation* 134, no.15 (2016).

25 实际应用冥想和创造性想象

1. Özlem Ayduk and Ethan Kross, "From a Distance: Implications of Spontaneous Self-Distancing for Adaptive Self-Reflection," *Journal of Personality and Social Psychology* 98, no. 5 (2010): 809–829. http://selfcontrol.psych.lsa.umich.edu/wp-content/uploads/2017/04/SD.pdf
2. Guy Winch, "A Simple Mind Trick that Reduces Emotional Pain," *Psychology Today* September 2013.
3. John Griffiths, Gillian Fortune, Vicki Barber, et al., "The Prevalence of Post-Traumatic Stress Disorder in Survivors of ICU Treatment: A Systematic Review," *Intensive Care Medicine* 33, no. 9 (2007): 1506–1518. DOI: 10.1007/s00134-007-0730-z.

26 盛怒之下如何制怒

1. Self-directed neuroplasticity is a concept derived from the researcher Dr. Jeffrey M. Schwartz in his book *The Mind & The Brain: Neuroplasticity and the Power of Mental Force* (New York: Harper Perennial, 2003).
2. Brandon J. Schmeichel and Kathleen Vohs, "Self-Affirmation and Self-Control: Affirming Core Values Counteracts Ego Depletion," *Journal of Personality and Social Psychology* 96, no. 4 (2009): 770–782.
3. Edward Burkley, "The Role of Self-Control in Resistance to Persuasion," *Peronality and Social Psychology Bulletin* 34, no. 3 (2008): 419–431.
4. Wilhelm Hofmann, Roy F. Baumeister, Georg Förster, et al., "Everyday Temptations: An Experience Sampling Study of Desire, Conflict, and Self-Control," *Journal of Personality and Social Psychology* 102, no. 6 (2011): 1318–1335.
5. Dave Grossman and Loren W. Christensen, *On Combat: The Psychology and Physiology of Deadly Conflict in War and in Peace* (USA: PPCT Research Publications, 2004): 88.

6. Jill Bolte Taylor, *My Stroke of Insight: A Brain Scientist's Personal Journey* (New York: Viking, 2008), 146.

27 感恩的重要性

1. Robert A. Emmons, Michael E. McCullough, and Jo-Ann Tsang, "The Measurement of Gratitude" (2003) in Shane J. Lopez and Charles R. Snyder, eds., *Handbook of Positive Psychology Assessment* (Washington, DC: American Psychological Association): 327–341.
2. Ibid.

29 成功制怒，一较高下

1. Jack F. Hollis, Christine M. Gullion, Victor J. Stevens, et al., "Weight Loss during the Intensive Intervention Phase of the Weight-Loss Maintenance Trial," *American Journal of Preventive Medicine* 35, no. 2 (2008): 118–126.
2. See John C. Norcross, Marci S. Mrykalo, and Matthew D. Blagys, "Auld Lang Syne: Success Predictors, Change Processes, and Self-Reported Outcomes of New Year's Resolvers and Nonresolvers," *Journal of Clinical Psychology* 58, no. 4 (2002): 397–405. PubMed PMID: 11920693.
3. Dr. Gail Matthews, Professor of Psychology, Dominican University in California. Findings presented in May 2015 at the Ninth Annual International Conference of the Psychology Research Unit of Athens Institute for Education and Research (ATINER).
4. Ecclesiastes 7:9.